T0211376

Mehrkanal-Bioimpedanz-Instrumentierung

Roman Kusche

Mehrkanal-Bioimpedanz-Instrumentierung

Zeitaufgelöste Messung physiologischer Ereignisse

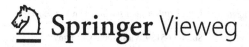 Springer Vieweg

Roman Kusche
Hamburg, Deutschland

Dissertation Universität zu Lübeck, 2019

ISBN 978-3-658-31469-9   ISBN 978-3-658-31470-5   (eBook)
https://doi.org/10.1007/978-3-658-31470-5

Die Deutsche Nationalbibliothek verzeichnet diese Publikation in der Deutschen Nationalbibliografie; detaillierte bibliografische Daten sind im Internet über http://dnb.d-nb.de abrufbar.

Planung/Lektorat: Carina Reibold
Springer Vieweg ist ein Imprint der eingetragenen Gesellschaft Springer Fachmedien Wiesbaden GmbH und ist ein Teil von Springer Nature.
Die Anschrift der Gesellschaft ist: Abraham-Lincoln-Str. 46, 65189 Wiesbaden, Germany

Zusammenfassung

Bei der Bioimpedanzmessung handelt es sich um ein elektrisches Messverfahren, welches der Charakterisierung von organischem Gewebe dient. Durch das Applizieren eines bekannten Messstromes in das zu analysierende Gewebe und die simultane Ermittlung des so entstehenden Spannungsabfalls, kann das passive elektrische Verhalten bestimmt werden. Da das Gewebe keinem rein ohmschen Leiter entspricht, sondern wegen der isolierenden Eigenschaften der Zellmembranen auch kapazitive Anteile besitzt, weist die Bioimpedanz eine Frequenzabhängigkeit auf. Diese kann als zusätzliche Information genutzt werden, schränkt jedoch auch den sinnvoll nutzbaren Frequenzbereich von Bioimpedanzmessungen ein. Neben dieser Einschränkung sind auch die anwendbaren Stromstärken aus Gründen der elektrischen Sicherheit limitiert.

Herkömmliche Anwendungen sind die bioelektrische Impedanzanalyse zur Bestimmung der Körperzusammensetzung und die Impedanzkardiographie, bei welcher die zeitlichen Impedanzänderungen zur Analyse des Herzschlags herangezogen werden. Die besonderen Vorteile der Bioimpedanzmessung gegenüber anderen Messverfahren liegen einerseits in der Nicht-Invasivität, andererseits in der Fähigkeit, Gewebe tief unterhalb der Hautoberfläche zu analysieren. Zudem kommt das Verfahren ohne ionisierende Strahlung aus und ist durch kostengünstige Schaltungstechnik instrumentierbar.

Diese Vorteile sollen im Rahmen dieser Arbeit genutzt werden, um neue Messansätze zu entwickeln, mit denen entweder zusätzliche Informationen vom Körper abgeleitet werden können, oder aber Redundanzen zu bestehenden Verfahren zu ermöglichen. Im besonderen Fokus stehen dabei Verfahren, die auf simultaner Messung der Bioimpedanz an mehreren Messorten beruhen. Als vordergründige Anwendungen dienen die elektrische Impedanzplethysmographie, mit der die arterielle Pulswelle aufgezeichnet werden kann und die elektrische

Impedanzmyographie zur Detektion von Muskelbewegungen. Nachdem in dieser Arbeit die Herausforderungen hinsichtlich der Messverfahren betrachtet werden, werden daraus die resultierenden Anforderungen an ein Plethysmographie- und ein Myographie-Messsystem abgeleitet. Basierend darauf werden zwei problemspezifische Mehrkanal-Messsysteme entwickelt. In den zugehörigen Charakterisierungen der Systeme wird gezeigt, dass die erforderlichen Anforderungen hinsichtlich Messabweichungen, Messunsicherheiten und Kanalsynchronizitäten erfüllt werden und die Instrumentierungen weit über dem Stand der Technik liegen. Nach der Instrumentierung werden jeweils neue biomedizinische Messansätze vorgestellt, welche auf der Impedanzplethysmographie bzw. -Myographie beruhen. Mittels Probandenmessungen werden diese untersucht und die Fähigkeiten der entwickelten Messgeräte, diese Verfahren durchzuführen, bestätigt.

Inhaltsverzeichnis

Abkürzungsverzeichnis

LTI	Linear Time-Invariant
Mic	Mikrofon
MM	Messmodul
MOPP	Means of Patient Protection
MOSFET	Metal-Oxide-Semiconductor Field-Effect Transistor
OPV	Operationsverstärker
PEP	Pre-Ejection Period
PGA	Programmable Gain Amplifier
PKG	Phonokardiographie
PPG	Photoplethysmographie
PTT	Pulse Transient Time
PWM	Pulse Width Modulation
PWV	Pulse Wave Velocity
QAM	Quadraturamplitudenmodulation
SINAD	Signal-to-Interference Ratio Including Noise and Distortion
SPI	Serial Peripheral Interface
SR	Slew Rate
UART	Universal Asynchronous Receiver Transmitter
USB	Universal Serial Bus
UWF	Ulnar Wrist Flexion
WE	Wrist Extension
WF	Wrist Flexion

Die Bioimpedanzmessung ist ein biomedizinisches Verfahren, welches die passiven elektrischen Eigenschaften von organischem Gewebe untersucht. Diese werden maßgeblich durch die Ionenleitfähigkeit der intra- und extrazellulären Flüssigkeiten der Zellen bestimmt. Die dünnwandigen Zellmembranen wirken hingegen als elektrisch isolierende Umschließungen der Zellen. Die so auftretenden Isolationsstrecken zwischen den leitfähigen Flüssigkeiten verursachen ein kapazitives Verhalten, was zu einer Frequenzabhängigkeit der Bioimpedanz führt [47, 52, 57]. So können aus der Bioimpedanz Informationen bezüglich Gewebeart, -Geometrie und -Zustand abgeleitet werden [23, 47, 128]. Dieses passive elektrische Verhalten wird bestimmt, indem ein bekannter hochfrequenter Wechselstrom in das zu untersuchende Gewebe eingeleitet und simultan der resultierende Spannungsabfall gemessen wird. Dabei werden Elektroden für die Übergänge zwischen Ionen- und Elektronenleitung genutzt [47, 86]. Mittels ohmschen Gesetzes können aus den Strom- und Spannungsinformationen der Real- und der Imaginärteil der komplexen Bioimpedanz berechnet werden. Die genaue örtliche Feldausbreitung des Messstromes ist bei diesem Verfahren unbekannt und kann nur abgeschätzt bzw. durch geometrische Elektrodenanordnungen beeinflusst werden. Absolute Messwerte sind daher schwierig interpretierbar und kaum miteinander vergleichbar [2, 29, 102, 107].

Deutlich interessanter sind die zeitlichen Änderungen der Bioimpedanz während einer Messung. Diese können Informationen bezüglich Herzschlag, Atmung, Skelettmuskel-Kontraktionen oder Bewegungen des Verdauungstraktes beinhalten [4, 6, 10, 31, 54, 133]. Besondere Vorteile der Bioimpedanzmessung sind die Fähigkeit, solche physiologische Ereignisse auch tief unterhalb der Hautoberfläche detektieren zu können und die medizinische Unbedenklichkeit des Verfahrens [96, 98, 112]. Zusätzlich sind die technischen Umsetzungen häufig kostengünstiger, kleiner und energiesparender als die Realisierung alternativer Verfahren, was den Einsatz in portablen Geräten ermöglicht [17, 158, 189].

Schwerpunkt dieser Arbeit ist die Instrumentierung von Bioimpedanz-Systemen, mit denen neue Messansätze umgesetzt werden können, welche herkömmliche Messverfahren verbessern, ergänzen oder gar ersetzen können. Im besonderen Fokus stehen dabei die elektrische Impedanzplethysmographie und Impedanzmyographie zur Detektion von arteriellen Pulswellen bzw. Muskelkontraktionen, da entsprechende herkömmliche Messverfahren Nachteile aufweisen, auf die im späteren Verlauf dieser Arbeit eingegangen wird.

1.1   Hintergrund und Stand der Technik

Bioimpedanzmessungen werden in vielen Anwendungen genutzt und können daher in unterschiedlichsten Konfigurationen gemäß den geltenden Anforderungen durchgeführt werden. Wie in Abbildung 1.1 illustriert, kann unterschieden werden, ob die Bioimpedanz einmalig bestimmt wird, oder ob sie in Abhängigkeit der Zeit gemessen wird. Einzelmessungen sind insbesondere für die Bioelektrische Impedanzanalyse (BIA) hinreichend, welche der Abschätzung der Körperzusammensetzung dient. Dieses Messverfahren, welches die Bioimpedanz zwischen zwei Extremitäten bestimmt, ist von kommerziellen Körperfettwaagen, wie beispielsweise HBF-516B (von Omron Healthcare) oder mBCA 515 (von seca), bekannt [8, 10, 33, 59, 107]. Die zeitaufgelöste Messung hingegen kann genutzt werden, um transiente Änderungen der Bioimpedanz zu analysieren. Diese können ihre Ursache in physiologischen Ereignissen wie Atmung, Herzschlag oder Muskelkontraktionen haben [30, 92, 122]. Eine klinische Anwendung ist die Impedanzkardiographie (IKG), mit der das Herzschlagvolumen abgeschätzt werden kann. Kommerzielle Geräte sind beispielsweise CardioScreen 1000/2000 (von medis Medizinische Messtechnik GmbH) oder erweiterbare Patientenmonitore wie IntelliVue (von Philips Health Systems). Weitere bekannte Anwendungen sind die Detektion von Schluckvorgängen, indem die geometrischen Veränderungen im Hals mittels Bioimpedanz gemessen werden, und die Beatmungsüberwachung [41, 124, 150].

Wird die Bioimpedanzmessung nicht nur mit einem, sondern mit mehreren Kanälen simultan durchgeführt, ergeben sich neue mögliche Messszenarien. Die zeitaufgelöste Mehrkanalmessung wird beispielsweise für das bildgebende Verfahren der Elektrischen Impedanz-Tomographie (EIT) genutzt. Durch die simultane Impedanzmessung eines Gewebes unter Verwendung mehrerer unterschiedlich angeordneter Strom- und Spannungselektroden können mit diesem Verfahren räumliche Informationen zur Impedanzverteilung gewonnen werden. Eine anschließende

Signalverarbeitung rekonstruiert aus den Informationen ein Bild [11, 24, 42, 63, 121, 182]. Dieses Verfahren wird bereits kommerziell (Dräger PulmoVista 500) zur Beatmungsüberwachung genutzt.

Das dritte Merkmal einer Bioimpedanzmessung ist, ob die Messung mit nur einer Messfrequenz betrieben wird, oder ob unterschiedliche Frequenzen genutzt werden, um so einen Frequenzgang bestimmen zu können. Da es sich bei der Bioimpedanz um eine komplexe Größe handelt, können sowohl die Impedanzbeträge, als auch die -Phasen bestimmt werden. Wie bei der Mehrfrequenzmessung können so zusätzliche Informationen über die Bioimpedanz bestimmt werden, welche je nach Anwendung nützlich sein können [62, 109, 145].

Abbildung 1.1 Merkmale einer Bioimpedanzmessung

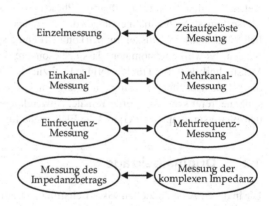

Der Fokus dieser Arbeit liegt auf der zeitaufgelösten Mehrkanalmessung, insbesondere zur simultanen Detektion von physiologischen Ereignissen an mehreren Messorten. Diese Ereignisse können im Zusammenhang mit dem Herz-Kreislauf-System stehen oder aber auch mit Aktivitäten der Skelettmuskulatur. Die Literatur und aktuelle Forschung konzentrieren sich zur Informationsextraktion insbesondere auf die Weiterentwicklung und Signalauswertung etablierter biomedizinischer Messverfahren, wie Elektrokardiographie (EKG), Photoplethysmographie (PPG), Phonokardiographie (PKG) und Elektromyographie (EMG). Die Anwendung der Bioimpedanzmessung zur Detektion physiologischer Ereignisse ist oftmals auf die Erkennung besonders starker Impedanzvariationen, wie sie bei der Schluckdetektion oder der Atmungsüberwachung auftreten, begrenzt [99, 151].

Es wurde in der Vergangenheit auch gezeigt, dass die Bioimpedanz, unter Verwendung spezieller Messtechnik, nützliche zusätzliche oder redundante Informationen bei der Detektion von Pulswellen [26, 44, 62, 89, 94, 176] oder

Muskelkontraktionen [68, 92, 133] liefern kann. Bei diesen Messungen handelt es sich jedoch oftmals um Einkanal-Messungen. In Anlehnung an herkömmliche Messverfahren ist hingegen häufig die simultane Messung von Biosignalen an mehreren Messorten interessant, welche mit technischen Schwierigkeiten einhergeht. Zusätzlich können Messungen zur Gewinnung redundanter Informationen der Erhöhung der Robustheit dienen. Diese Gebiete wurden bisher kaum erforscht. So konnte beispielsweise im Rahmen einer umfangreichen Literaturrecherche kein Messsystem zur Impedanzplethysmographie gefunden werden, welches vier Kanäle aufweist, um die Pulswelle an allen Extremitäten simultan mit hinreichender Auflösung der charakteristischen Signalform aufzuzeichnen. Arbeiten zur Impedanzmyographie sind noch deutlich weniger publiziert. So konnte keine Arbeit gefunden werden, welche simultan Bioimpedanzbetrag, -Phase und das zugehörige EMG am gleichen Messort misst. Mehrkanalmessungen dieser Signale zur Untersuchung unterschiedlicher Muskeln bzw. Muskelgruppen konnten dementsprechend auch nicht gefunden werden. Es wird angenommen, dass insbesondere die notwendige anspruchsvolle Messtechnik der Grund für die geringe Publizität ist. Daher ist das Ziel dieser Arbeit die problemspezifische Instrumentierung zur hochaufgelösten Bioimpedanzmessung mehrerer synchronisierter Kanäle. Anwendungsschwerpunkte sind die Impedanzplethysmographie (IPG) und die Elektrische Impedanzmyographie (EIM).

1.2 Originalbeiträge

Die in dieser Arbeit erzielten wissenschaftlichen Beiträge bestehen in den problemspezifischen Instrumentierungen und in den so ermöglichten neuen biomedizinischen Anwendungen.

Herkömmliche Mehrkanal-Bioimpedanzsysteme realisieren die Kanaltrennung durch zeitliches Multiplexing [45, 63, 67, 108, 110, 189]. Somit können durch anspruchsvolle Schaltvorgänge nur quasi-simultane Messungen ermöglicht werden. Die Schaltfrequenzen sind technisch limitiert, was zu einer Begrenzung der Abtastraten bzw. der Kanalanzahl führt. Da in dieser Arbeit die Bioimpedanzen an unterschiedlichen Körperstellen simultan bestimmt werden, sind die Abtastraten nicht limitiert. Es entstehen jedoch elektrische Verkopplungen zwischen den Messkanälen. Diese wurden in der Literatur und den wissenschaftlichen Veröffentlichungen bisher nicht näher analysiert. Daher wurde ein elektrisches Verkopplungsmodell entwickelt und dieses bei der Instrumentierung berücksichtigt [50, 71].

Zur Bioimpedanzmessung werden Messströme im Frequenzbereich von bis zu einigen 100 kHz in das Gewebe geleitet [58]. Der zu messende resultierende Spannungsabfall, welcher die Impedanzinformation beinhaltet, befindet sich somit im

gleichen Frequenzbereich. Die eigentlichen Nutzsignale, die Bioimpedanzbetrags-
und Phasenänderungen, werden durch die physiologischen Ereignisse verursacht
und befinden sich somit in deutlich niedrigeren Frequenzbereichen unterhalb von
100 Hz. Die notwendige Demodulation der Impedanzinformationen findet in den
meisten veröffentlichten Systemen nach der Digitalisierung statt [63, 67, 121,
156]. Das erfordert eine hochfrequente Analog-Digital-Umsetzung und anschließend einen hohen Rechenaufwand. In dieser Arbeit werden Ansätze vorgestellt, mit
denen die Messsignale bereits vor der Digitalisierung vorverarbeitet werden können.
Somit ist ein deutlich niederfrequenteres Abtasten der Signale möglich, was die Nutzung besonders hochauflösender Analog-Digital-Umsetzer (engl. Analog-to-Digital
Converter (ADC)) erlaubt. Zusätzlich kann der Rechenaufwand der anschließenden
digitalen Signalverarbeitung signifikant reduziert werden.

Bisherige Bioimpedanz-Messsysteme sind nicht für die simultane hochaufgelöste Detektion von Pulswellen an allen Extremitäten ausgelegt. In dieser Arbeit
wird die Entwicklung eines 4-Kanal-Messsystems vorgestellt, welches in der Lage
ist, arterielle Pulswellen an mehreren Messorten simultan und hochaufgelöst abzuleiten. Dazu wird eine problemspezifische analoge Gleichrichterschaltung vorgestellt, welche die notwendige Präzision in den hohen Frequenzbereichen aufweist
[76]. Zudem wird eine Modifikation dieser Schaltung vorgestellt, mit der simultan
zur Bioimpedanz ein EMG-Signal unter Verwendung eines gemeinsamen ADC-
Kanals gemessen werden kann [80]. In dieser Arbeit wird außerdem gezeigt, dass
die Bestimmung von Messstrom und resultierendem Spannungsabfall über der unbekannten Impedanz mittels einer gemeinsamen Auswerteelektronik die Kalibrierung
stark vereinfacht.

Der zweite Anwendungsschwerpunkt dieser Arbeit ist die Detektion von Muskelkontraktionen. In den meisten Anwendungen, wie dem Ansteuern von Prothesen,
wird dazu herkömmlicherweise das EMG eines Muskels bzw. einer Muskelregion
mittels Oberflächenelektroden abgeleitet [28, 47]. Ein signifikantes Problem dieser
Methode sind die auftretenden Störspannungen, welche durch Elektrodenbewegun-
gen entstehen können, da diese typischerweise im gleichen Frequenzbereich auftreten wie das Nutzsignal [32]. Die geometrischen Änderungen des Gewebes während
einer Muskelkontraktion können auch mittels Bioimpedanzmessungen detektiert
werden. Dieses Verfahren (EIM) und dessen Verwendung in medizinischen Echtzeit-
Anwendungen ist bisher kaum erforscht [56, 144, 146, 160]. Da jedoch bekannt ist,
dass sowohl der Betrag als auch die Phase Informationen über eine Muskelkontraktion beinhalten, wird in dieser Arbeit ein zweites 4-Kanal-Messsystem entwickelt,
welches in der Lage ist, die komplexe Bioimpedanz zu bestimmen [83, 133]. Gemäß
eigener Kenntnis der Literatur ermöglicht dieses System erstmals, simultan zu den
vier komplexen Bioimpedanzen auch die korrespondierenden EMG-Signale der

Muskelregionen abzuleiten. Auch für dieses System wird eine problemspezifische analoge Demodulationsschaltung vorgestellt. Es ist das erste bekannte publizierte Mehrkanal-Messsystem, welches in der Lage ist, simultan mit einem gemeinsamen Elektrodensatz den Bioimpedanzbetrag, die Bioimpedanzphase und das EMG abzuleiten.

Neben den genannten Ergebnissen der Instrumentierung wurden, unter Verwendung dieser, neue medizintechnische Messansätze entwickelt und realisiert. Eine Herausforderung der Pulswellenanalyse ist, dass die Ausbreitungsgeschwindigkeit der Welle (engl. Pulse Wave Velocity (PWV)) innerhalb der Aorta zwar von besonderem Interesse ist, jedoch mit den herkömmlichen Druckmessungen an den Extremitäten nicht direkt gemessen, sondern bestenfalls abgeschätzt werden kann [22, 173]. In dieser Arbeit wird ein Messverfahren vorgeschlagen, mit dem die aortale Pulswellengeschwindigkeit direkt mittels zweier simultaner Bioimpedanzmessungen nichtinvasiv gemessen werden kann [138, 139]. Die Problematik des Parameters PWV wird analysiert und ein Ansatz zur Bestimmung des aortalen Frequenzgangs als aussagekräftigerer Parameter wird vorgeschlagen [82]. Zudem wird unter Verwendung der vier implementierten Messkanäle die Möglichkeit vorgestellt, die Pulswelle an allen Extremitäten simultan mittels Impedanzplethysmographie zu detektieren und die charakteristischen Signalformen auszuwerten [76]. Abschließend wird eine Modifikation der Gleichrichterschaltung des Plethysmographie-Systems gezeigt, mit der erstmals Bioimpedanz- und EMG-Signale zur Detektion von Muskelkontraktionen simultan mittels gemeinsamen Elektrodensatz und ADC-Kanal aufgenommen werden können [80].

Mit dem zweiten entwickelten Messsystem können EMG-Signale, Bioimpedanzbetrag und -Phase simultan mit einem gemeinsamen Elektrodensatz gemessen und das zeitliche Verhalten der Signale zueinander analysiert werden. Unter Verwendung aller vier Kanäle konnten Messungen vom Unterarm während der Durchführung typischer Handbewegungen aufgenommen werden [83]. Die Ergebnisse zeigen, dass zukünftige Implementierungen in Prothesensteuerungen sinnvoll sein könnten. Ein weiterer vorgestellter Messansatz dient der Detektion von Kontraktionen des Zwerchfells zur Beatmungsüberwachung [80]. Die in einigen biomedizinischen Anwendungen herkömmlicherweise durchgeführte EMG-Messung der Zwerchfellkontraktionen ist sehr störanfällig [169, 184]. Es wird gezeigt, dass zusätzliche oder ausschließliche Bioimpedanzmessungen zur Detektion der auftretenden Geometrieänderungen sinnvoll sein können. Abschließend wird ein Ansatz vorgestellt, mit dem Muskelkontraktionen mittels Analyse der Phaseninformation von Störeinflüssen unterschieden werden können [140]. Dieser Ansatz wird theoretisch anhand eines Ersatzschaltbildes hergeleitet und mittels Probandenmessungen überprüft.

Die im Rahmen dieser Arbeit entstandenen wissenschaftlichen Ergebnisse wurden in zahlreichen begutachteten Fachzeitschriftenbeiträgen [71, 74, 76, 78, 81–83] und auf Fachkonferenzen vorgestellt [61, 70, 72, 73, 75, 77, 79, 80, 147, 180, 186]. Zudem wurden inklusive Internationalisierungen zehn Patente angemeldet [27, 84, 85, 136–142]. Außerdem wurden im Rahmen dieser Arbeit zahlreiche Abschlussarbeiten betreut [5, 13, 50, 93, 148, 149].

1.3 Gliederung

Nach dieser Einleitung unterteilt sich die Arbeit in fünf weitere Kapitel. In den Grundlagen werden zunächst die Begriffe Bioimpedanz, Impedanzplethysmographie, Elektromyographie und Impedanzmyographie näher erklärt. Anschließend wird auf das Prinzip der Bioimpedanzmessung und die korrespondierenden Herausforderungen eingegangen. Einer der Schwerpunkte liegt dabei auf der Mehrkanalmessung. Im vierten und fünften Kapitel werden jeweils die Entwicklungen der problemspezifischen Bioimpedanz-Messsysteme vorgestellt. Nach den zugehörigen System-Charakterisierungen werden jeweils neue medizintechnische Messansätze entworfen und mittels Probandenmessungen untersucht. Abschließend werden die wesentlichen Ergebnisse dieser Arbeit zusammengefasst und Anregungen für zukünftige Arbeiten genannt.

Grundlagen 2

In diesem Kapitel werden die Grundlagen der in dieser Arbeit verwendeten biomedizinischen Messverfahren beschrieben. Zu Beginn werden die Eigenschaften der elektrischen Bioimpedanz und das Grundprinzip der Bioimpedanzmessung erklärt. Anschließend folgt ein Abschnitt über die Grundlagen der elektrischen Impedanzplethysmographie, der Detektion von arteriellen Pulswellen mittels Bioimpedanz. Zum Ende wird auf das Verfahren der Elektromyographie zur Erkennung von Muskelkontraktionen eingegangen und dessen Alternative, die elektrische Impedanzmyographie, vorgestellt.

2.1 Bioimpedanz

Die Bioimpedanz beschriebt den Wechselstromwiderstand und somit das passive elektrische Verhalten von biologischem Gewebe. Sie setzt sich aus den unterschiedlichen elektrischen Eigenschaften der Gewebearten zusammen, welche sich im betrachteten Feld befinden. Die geometrische Anordnung der organischen Zellen hat dabei einen maßgeblichen Einfluss auf die Impedanz [47]. Ein häufig verwendetes Ersatzschaltbild zur Beschreibung des elektrischen Verhaltens einer dieser Zellen ist auf der linken Seite in Abbildung 2.1 gezeigt [60]. Da es sich sowohl bei intra- als auch extrazellulären Flüssigkeiten um gute Ionenleiter handelt, werden sie im Ersatzschaltbild durch die ohmschen Widerstände R_i und R_e nachgebildet. Die dünnwandige, schlecht leitende Doppellipidschicht der Zellmembran weist hingegen einen kapazitiven Charakter C_m auf [122]. Ihre leitfähigen Ionenkanäle werden durch die parallelen Widerstände R_m repräsentiert [63]. Es ist zu beachten, dass dieses Ersatzschaltbild stark vereinfacht ist und die darin enthaltene Bauteile nicht als ideal angenommen werden können. Um das elektrochemische Verhalten besser abzubilden, kann C_m aufgrund auftretender Relaxations-Vorgänge eine zusätzliche Frequenzabhängigkeit zugewiesen werden [47].

Das gezeigte Ersatzschaltbild (ESB) kann in zwei Schritten weiter vereinfacht werden. Zunächst werden die resistiven und kapazitiven Anteile der Zellmembran zusammengeführt [9]. Das elektrische Verhalten dieser Impedanz kann, wie in der Abbildung 2.1 rechts gezeigt, auch mittels drei elektrischer Komponenten abgebildet werden. Dieses Ersatzschaltbild wird in der Literatur häufig nicht nur zur Modellierung einer einzelnen Zelle, sondern auch für Zell-Gewebe herangezogen. Die Bauteile werden darin vereinfacht als frequenzunabhängig angenommen [7, 47, 57].

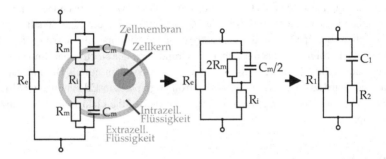

Abbildung 2.1 Ersatzschaltbild der Bioimpedanz und dessen schrittweise Vereinfachungen, basierend auf [60]

Da sich organisches Gewebe nicht rein ohmsch verhält, sondern zusätzlich kapazitive Eigenschaften hat, wird die Bioimpedanz als komplexe Größe beschrieben, welche von der Frequenz f beziehungsweise der Kreisfrequenz $\omega = 2\pi f$ abhängt. In Gleichung 2.1 sind gängige Schreibweisen der elektrischen Impedanz, welche das komplexe Verhältnis aus der Spannung U und dem Strom I beschreibt, dargestellt. Da in dieser Arbeit stets $Z \in \mathbb{C}$ gilt, wird zur besseren Lesbarkeit auf gesonderte Darstellungsformen von komplexen Variablen verzichtet.

$$Z(2\pi f) = Z(\omega) = \frac{|U|}{|I|}e^{j(\phi_u - \phi_i)} = |Z|e^{j\phi} = Re\{Z\} + jIm\{Z\} \qquad (2.1)$$

Zur grafischen Darstellung der komplexen Impedanz wird häufig die komplexe Ebene, wie in Abbildung 2.2, genutzt.

Abbildung 2.2 Darstel-
lung einer elektrischen
Impedanz in der komplexen
Ebene

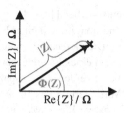

2.1.1 Elektrische Eigenschaften

Die tatsächlichen elektrischen Eigenschaften von Bioimpedanzen sind deutlich komplexer, als im vorherigen Ersatzschaltbild berücksichtigt. Untersuchungen zeigen, dass das Impedanzverhalten biologischen Gewebes drei Frequenzbereiche aufweist, in denen es besonders frequenzsensitiv ist [100]. Diese Bereiche werden als α-, β- und γ-Dispersionsbänder bezeichnet und decken in etwa jeweils $B_\alpha \approx 10 \ldots 500$ Hz, $B_\beta \approx 10$ kHz $\ldots 5$ MHz bzw. $B_\gamma > 1$ GHz ab [53, 102, 153]. Exakte Grenzen dieser Bänder können nicht sinnvoll definiert werden, da das Frequenzverhalten von Bioimpedanzen stark variieren kann [53]. Der für diese Arbeit interessante Bereich ist das Frequenzband der β-Dispersion, welches im Zusammenhang mit den dielektrischen Eigenschaften der Zellmembranen und deren Wechselwirkungen mit den intra- und extrazellulären Flüssigkeiten steht [57, 58].

Um die Frequenzabhängigkeit der komplexen Bioimpedanz grafisch abzubilden, können unterschiedliche Darstellungsformen verwendet werden. In Abbildung 2.3 ist die Ortskurve einer exemplarisch modellierten Bioimpedanz ($R_1 = 50\ \Omega$, $R_2 = 50\ \Omega$, $C_1 = 20$ nF) in der komplexen Ebene dargestellt. Die ausgewählten Zahlenwerte könnten beispielsweise einer Bioimpedanzmessung am Unterarm

Abbildung 2.3 Ortskurve
einer modellierten
Bioimpedanz

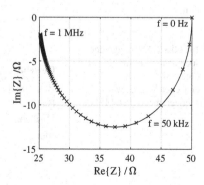

entsprechen [149]. In dieser Darstellungsform ist gut erkennbar, wie sich der Real- und Imaginärteil einer Bioimpedanz in Abhängigkeit der Frequenz verhalten. Die gleiche Information über die Impedanz kann auch, wie in Abbildung 2.4, in Form eines Frequenzgangs, bestehend aus Betrags- und Phasengang, veranschaulicht werden. Das kapazitive Verhalten der Bioimpedanz führt zu einer stetigen Verringerung des Impedanzbetrages. Im Phasengang ist zu sehen, dass die stets negative Phasenverschiebung in diesem Beispiel bei ca. $f = 110$ kHz maximal wird. Wird die zuvor genannte Frequenzabhängigkeit der im Ersatzschaltbild enthaltenen Kapazität berücksichtigt, so verläuft die Ortskurve flacher und erreicht geringe Imaginärteile. Im Frequenzgang entspricht dies einem weniger steilen Verlauf des übergangsbereichs des Impedanzbetrags und einer geringeren maximalen Phasenverschiebung [63].

Abbildung 2.4 Frequenzgang einer modellierten Bioimpedanz

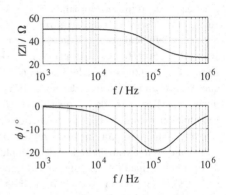

Wie verschieden das elektrische Verhalten unterschiedlicher Gewebearten sein kann, lässt sich bei Betrachtung derer spezifischen Leitfähigkeiten κ erkennen. Typische Literaturwerte für zwei Frequenzbereiche können Tabelle 2.1 entnommen werden.

Tabelle 2.1 Beträge der spezifischen Leitfähigkeiten unterschiedlicher Gewebearten in zwei Frequenzbereichen [47]

Gewebe	Spezifische Leitfähigkeit $|\kappa| / \frac{S}{m}$	
	f=1 Hz …10 kHz	$f \approx$ 1 MHz
Haut (trocken)	10^{-7}	10^{-4}
Fett	0,02–0,05	0,02–0,05
Muskeln	0,05–0,4	0,6
Blut	0,7	0,7

Die Zusammensetzung trockener Haut führt demnach im Mittel zu einer stark frequenzsensitiven Leitfähigkeit, welche gegenüber den anderen aufgeführten Gewebearten deutlich niedriger ist. Fett scheint hingegen im Frequenzbereich der β-Dispersion ein sehr ohmsches Verhalten aufzuweisen. Muskeln und Blut zeichnen sich durch besonders hohe Leitfähigkeiten aus, wobei Muskeln neben der Frequenzabhängigkeit auch eine Anisotropie aufweisen. So ist die Leitfähigkeit in Faserrichtung höher als quer zur Faser [1, 47, 102]. Es ist zu beachten, dass diese Werte starken Streuungen unterliegen [36].

2.1.2 Elektrode-Haut-Übergänge

Da es sich bei organischem Gewebe um einen Ionenleiter handelt, sind Elektroden zur Kontaktierung elektrischer Messgeräte notwendig [113]. Es kann sich dabei um Nadelelektroden, welche in das Gewebe eindringen, oder um Oberflächenelektroden handeln [47], wobei im Rahmen dieser Arbeit ausschließlich letztere betrachtet werden. Als Elektrolyt in der Grenzschicht zwischen Elektrode und Haut können spezielle Elektrodengels oder -Hydrogels verwendet werden, welche oftmals bereits auf kommerziellen Elektroden aufgetragen sind. Der tatsächliche Ladungsträgeraustausch zwischen dem Elektronen- und Ionenleiter findet in der elektrochemischen Doppelschicht statt, welche zwischen beiden entsteht [47].

Wegen der Wechselwirkungen untereinander können die elektrischen Eigenschaften von Elektrode und Haut nicht getrennt voneinander betrachtet werden. Stattdessen wird der Begriff des Elektrode-Haut-Übergangs verwendet. Dieser Übergang und insbesondere dessen Elektrode-Haut-Impedanz (engl. Electrode Skin Impedance (ESI)) beeinflussen elektrische Messverfahren wie die Bioimpedanzmessung oder die Elektromyographie signifikant [25, 105, 179].

Die Modellierung des Elektrode-Haut-Übergangs einer Gel-Elektrode ist in Abbildung 2.5 dargestellt [25]. Darin ist zu sehen, dass das elektrische Verhalten in drei Abschnitte unterteilt werden kann. Der erste Abschnitt repräsentiert den Übergang zwischen der typischerweise metallischen Elektrode und dem Elektrolyten. Die an diesem Übergang entstehende Halbzellenspannung U_{HZ} wird durch die Nernst-Gleichung beschrieben und ist von der Konzentration der Metallionen und der Temperatur abhängig [47]. Daraus ergibt sich für die typischerweise einige 100 mV betragende Halbzellenspannung eine Veränderlichkeit [113].

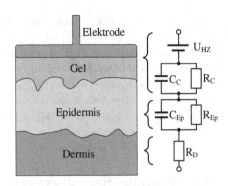

Abbildung 2.5 Ersatzschaltbild eines Elektrode-Haut-Übergangs einer Gel-Elektrode, basierend auf [25]

Fließt ein elektrischer Strom durch die Elektrode, so ändert sich die Konzentration der Metallionen und somit auch die Halbzellenspannung. Diese Änderung von U_{HZ} durch einen Strom wird Polarisation genannt und ist messtechnisch problematisch [47]. Zur elektrischen Biosignalerfassung werden daher bevorzugt nichtpolarisierbare bzw. kaum polarisierbare Silber-Silberchlorid-Elektroden (Ag/AgCl) verwendet. Diese dämpfen durch Einfügen eines Puffersalzes die sonst vom Strom hervorgerufene Ionenkonzentrationsänderung [114].

Die Parallelschaltung ($C_C \| R_C$) repräsentiert eine Modellierung der Doppelschichtimpedanz als verlustbehaftete Kapazität [114].

Deutlich signifikanteren Einfluss auf die Elektrode-Haut-Impedanz hat jedoch die Epidermis [25]. Diese äußerste Schicht der Haut weist einen sehr hohen ohmschen Widerstand R_{Ep} auf. Ihre Leitfähigkeit ist daher stark vom parallelen kapazitiven Verhalten C_{Ep} abhängig und somit frequenzabhängig. Zuletzt repräsentiert R_D das resistive Verhalten der Dermis. Stark abhängig von der Beschaffenheit der Haut und der Elektrode können bei einem Elektrodendurchmesser von $D = 1$ cm Elektrode-Haut-Impedanzbeträge von einigen 100 Ω bis einige 1000 Ω entstehen [63, 187].

Das gezeigte Ersatzschaltbild lässt sich unter Zusammenfassung der modellierenden Bauelemente vereinfachen. In Abbildung 2.6 ist das resultierende, in der Literatur häufig verwendete, Ersatzschaltbild, bestehend aus einem Serienwiderstand R_S und den parallelen Bauteilen C_P und R_P, dargestellt. Die Halbzellenspannung wird unverändert durch U_{HZ} repräsentiert [63, 114].

Abbildung 2.6 Verein-
fachtes Ersatzschaltbild
eines
Elektrode-Haut-Übergangs
einer Gel-Elektrode [63]

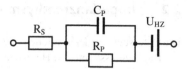

Die Anforderungen einiger Anwendungen lassen die Verwendung von Gel-Elektroden jedoch nicht zu. Insbesondere wenn eine Wiederverwendung der Elektroden ohne manuelles Auftragen eines Elektrolyten gefordert ist, finden Trockenelektroden Anwendung. In diesem Fall wird eine Elektrode ohne Applikation eines zusätzlichen Elektrolyten auf der Hautoberfläche platziert. Wegen des fehlenden Elektrolyten ist R_P zunächst sehr groß und der Elektrode-Haut-Übergang verhält sich nahezu ausschließlich kapazitiv. Nach einiger Zeit entstehen Flüssigkeitsansammlungen zwischen Elektrode und Haut, welche R_P sinken lassen [155, 188]. In dieser Arbeit werden ausschließlich Hydrogel-Elektroden verwendet und berücksichtigt. In Abschnitt 5.6.4 wird jedoch noch einmal auf die Problematik von Trockenelektroden hinsichtlich Bioimpedanz-Instrumentierungen eingegangen und ein Ansatz für die Impedanzmyographie vorgestellt, entstehende Störungen von Nutzinformationen zu separieren.

2.1.3 Messprinzip

Da die Impedanz keine physikalische Basisgröße, sondern eine abgeleitete Größe ist, kann sie nicht direkt bestimmt werden. Stattdessen muss die zu bestimmende Impedanz in einen Stromkreis eingebunden werden und sowohl der durchfließende Strom als auch die über die Impedanz abfallende Spannung bestimmt werden. Abhängig von dem zu bestimmenden Bereich des Frequenzgangs, muss die Messung unter Verwendung verschiedener Signalfrequenzen durchgeführt werden.

Die Besonderheit bei der Messung der Bioimpedanz ist, dass das Messinstrument nicht direkt an die gewünschte Impedanz angeschlossen werden kann, sondern stets Elektroden genutzt werden müssen. Der entstehende Elektrode-Haut-Übergang weist typischerweise vielfach höhere Impedanzbeträge auf als die eigentliche Bioimpedanz [63]. Die zusätzlich auftretenden Halbzellenspannungen und die Tatsache, dass sich die Messbedingungen zeitlich ändern, verlangen nach problemspezifischen Messansätzen. Diese werden im Kapitel 3 näher analysiert.

2.2   Impedanzplethysmographie

Die Untersuchung der arteriellen Pulswellenausbreitung ist ein bekanntes Verfahren, um Rückschlüsse auf das Herz-Kreislauf-System des Menschen zu ziehen [123]. Neben optischen und tonometrischen Messverfahren zur Detektion der Pulswelle, kann diese auch mittels Bioimpedanzmessungen detektiert werden [120]. Dieses als Impedanzplethysmographie bekannte Verfahren wird in diesem Abschnitt näher beschrieben.

2.2.1   Arterielle Pulswelle

Mit jedem Herzschlag wird ein Blutvolumen in das Arteriensystem gepumpt. Der korrespondierende Druckstoß breitet sich vom Herzen entlang der Aorta bis hin zu den Kapillaren aus. Die bekanntesten biomedizinischen Anwendungen dieser arteriellen Pulswelle sind die Bestimmung des Blutdrucks und die Photoplethysmographie zur Messung der Sauerstoffsättigung des Blutes [103]. Da die Pulswellen-Signalform während der Ausbreitung durch das Arteriensystem beeinflusst wird, beinhaltet sie auch Informationen über dessen Zustand [48, 168]. Von besonderem medizinischem Interesse ist die Elastizität der Aorta, da sie maßgeblich für die Dämpfung der vom Herzen ausgehenden Druckstöße verantwortlich ist [22, 173]. Diese Eigenschaft der Aorta wird auch als Windkesseleffekt bezeichnet. Ist die Arteriensteifigkeit der Aorta beispielsweise durch Kalzifikation oder Kollagen-ablagerungen erhöht, so wird das Dämpfungs-Vermögen eingeschränkt [104].

Die notwendige Aufzeichnung der Pulswelle direkt an der Aorta ist mit den meisten herkömmlichen Messmethoden schwierig. Stattdessen wird die Pulswelle oftmals alternativ an den Extremitäten gemessen [111, 123]. Wird nur ein Puls-wellensensor verwendet, so kann ausschließlich die charakteristische Signalform der Welle zur Informationsextraktion genutzt werden. Wird sie hingegen an zwei oder mehr Punkten detektiert, so ist eine zusätzliche Laufzeitmessung der Pulswelle zwischen diesen Punkten möglich. Aus den gewonnenen Informationen des genutzten Verfahrens müssen anschließend Rückschlüsse auf die Charakteristik der Aorta gezogen werden.

2.2.2 Pulswellenanalyse

Der Begriff der Pulswellenanalyse beinhaltet zwei unterschiedliche Messverfahren. Beim ersten handelt es sich um die Messung der Pulswellengeschwindigkeit PWV. Dabei wird der Zusammenhang zwischen der Elastizität eines Gefäßes und der Ausbreitungsgeschwindigkeit von Druckstößen ausgenutzt [34]. Eine vereinfachte Beschreibung dieses Zusammenhangs liefert die Moens-Korteweg-Gleichung

$$PWV = \sqrt{\frac{Eh}{2r\rho}}, \qquad (2.2)$$

wobei E die Elastizität und h die Wandstärke des Blutgefäßes repräsentieren [69]. Des Weiteren wird die Pulswellengeschwindigkeit vom Gefäßradius r und der Dichte des Blutes ρ beeinflusst. Die aortale PWV variiert von ca. 5 m/s bei jungen gesunden Menschen bis 15 m/s bei Menschen mit einem sehr hohen Risiko eines bevorstehenden kardiovaskulären Ereignisses [101].

Zur Bestimmung der aortalen PWV können zwei unterschiedliche Messprinzipien genutzt werden. Das erste Prinzip beruht auf der Positionierung nur eines Drucksensors auf der Hautoberfläche oberhalb einer peripheren Arterie, wie der Unterarmarterie *Arteria radialis* [127]. Aus der Signalform der aufgezeichneten Pulswelle und Probandeninformationen wie Alter, Geschlecht, Körpergröße und Gewicht lässt sich unter Verwendung von meist empirisch ermittelten Algorithmen die PWV innerhalb der Aorta abschätzen [143].

Bei dem zweiten Messprinzip handelt es sich um eine Laufzeitmessung der Pulswelle und die Abschätzung der zurückgelegten Strecke innerhalb der Arterie bzw. des Arteriensystems [18]. Wegen der Schwierigkeit, die Pulswelle innerhalb der Aorta nicht-invasiv mittels Drucksensoren zu detektieren, wird die Laufzeitmessung üblicherweise alternativ an peripheren Blutgefäßen durchgeführt [127]. In der Vergangenheit wurden meistens charakteristische Punkte der Pulswelle detektiert und für die Laufzeitmessung herangezogen [18, 64]. In Abbildung 2.7 sind die häufig verwendeten Punkte zur Bestimmung der Pulswellenlaufzeiten (engl. Pulse Transient Time (PTT)) eingezeichnet.

Abbildung 2.7 Bestimmung der Pulswellenlaufzeit zwischen den Messorten von $Sensor_1$ und $Sensor_2$ unter Verwendung charakteristischer Punkte der Pulswelle

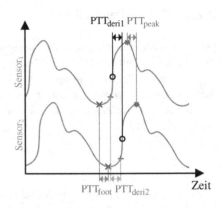

Dabei ist das Signal $Sensor_1$ als Startsignal und $Sensor_2$ als Ankunftssignal zu verstehen. Als charakteristische Punkte sind die Minima (PTT_{foot}), Maxima (PTT_{peak}) und jeweils die Maxima der ersten (PTT_{deri1}) und zweiten (PTT_{deri2}) Ableitung eingetragen. Tatsächlich wird bei diesem Verfahren nicht nur vernachlässigt, dass sich periphere Arterien anders verhalten als die Aorta [170]. Es wird auch angenommen, dass sich durch das Passieren der zwischen den Sensoren liegenden Arterie die Signalform der Pulswelle nicht ändert. Es ist jedoch anzunehmen, dass das Tiefpassverhalten der Aorta einen nicht-linearen Phasengang $\phi(\omega)$ über die Kreisfrequenz ω, wie bei analogen Filtern, aufweist [125]. Da aber, wie in

$$\tau_g(\omega) = -\frac{d\phi(\omega)}{d\omega} \tag{2.3}$$

zu sehen, die Gruppenlaufzeit $\tau_g(\omega)$ die Ableitung des Phasengangs ist, kann sie unter der genannten Voraussetzung nicht über die Frequenz konstant sein [106]. Es ist daher anzunehmen, dass eine Dispersion entsteht, welche die Form der Pulswelle beeinflusst.

Das zweite Messverfahren, welches unter dem Begriff der Pulswellenanalyse verstanden wird, ist die Bestimmung des Augmentationsindex AI_x. Hierbei wird angenommen, dass sich die arterielle Pulswelle innerhalb der Aorta, in der Nähe des Herzens, aus einer Überlagerung zweier Druckimpulse zusammensetzt. Es handelt sich dabei zum einen um die initiale Druckwelle, die durch das Herauspumpen des Blutvolumens in die Aorta entsteht [116]. Diese wird im Arteriensystem, insbesondere an der Aortenbifurkation, reflektiert und läuft zum Herzen zurück, wo sie als Überlagerung mit der ursprüngliche Welle erscheint. Die so entstehende Druckerhöhung ΔP wird dabei als Augmentation bezeichnet und erzeugt eine erhöhte Pulswellenamplitude PP, wie in Abbildung 2.8 illustriert [183].

Abbildung 2.8 Bestimmung des Augmentationsindex einer arteriellen Pulswelle, basierend auf [183]

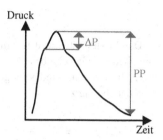

Die in der Literatur häufig verwendete Größe, die diese Druckerhöhung beschreibt, ist der Augmentationsindex [116, 183]

$$AI_x = \frac{\Delta P}{PP} \cdot 100 \ \%. \tag{2.4}$$

Da für dieses Verfahren ebenfalls die Druckverhältnisse innerhalb der Aorta bekannt sein müssen, diese aber nicht direkt nicht-invasiv gemessen werden können, wird zur Messung meistens auf die Extremitäten ausgewichen. Anschließend werden mittels Algorithmen die Druckverhältnisse innerhalb der Aorta nachgebildet [40, 178]. Es entstehen somit ähnliche Probleme, wie sie zuvor für die Bestimmung der Pulswellengeschwindigkeit beschrieben wurden.

2.2.3 Messprinzip der Impedanzplethysmographie

Neben dem genannten Verfahren, mittels Drucksensoren oder optischen Sensoren die Pulswellen zu detektieren, existiert das nicht-invasive Verfahren der Impedanzplethysmographie. Bei diesem Messverfahren werden die in Tabelle 2.1 genannten unterschiedlichen Leitfähigkeiten der Gewebearten ausgenutzt [35]. Zur Veranschaulichung des Messverfahrens ist in Abbildung 2.9 ein zylinderförmiges Modell mit der Länge l einer Extremität mit einer Arterie dargestellt.

Abbildung 2.9 Modell
einer Extremität,
ausschließlich aus zwei
Materialien bestehend

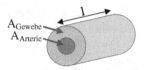

Das Modell ist soweit vereinfacht, dass es nur noch aus einer Arterie und dem umgebenden Gewebe besteht. Unter Annahme idealer Kontaktierungen der ebenen Zylinderflächen und homogenen Leitfähigkeits-Verteilungen berechnet sich der Impedanzbetrag zu

$$|Z|(f,t) = \left| \frac{l}{\kappa_{\text{Gewebe}}(f) \cdot A_{\text{Gewebe}} + \kappa_{\text{Arterie}}(f) \cdot A_{\text{Arterie}}(t)} \right|. \tag{2.5}$$

Beim Eintreffen der arteriellen Pulswelle erweitern sich die elastischen Arterien und erhöhen den Querschnitt A_{Arterie}, weshalb dieser eine Zeitabhängigkeit aufweist. Infolgedessen sinkt der Impedanzbetrag. Der Umstand, dass für die mit gut leitfähigem Blut gefüllte Arterie $\kappa_{\text{Arterie}} \gg \kappa_{\text{Gewebe}}$ gilt (vgl. Tabelle 2.1), verstärkt den Effekt der Verringerung von $|Z|$.

Da die Bioimpedanz nicht zwischen den Schnittflächen des Modells gemessen werden kann, wird bei der Impedanzplethysmographie die Sensorik mittels Elektroden mit der Hautoberfläche verbunden [35]. Abbildung 2.10 zeigt den Messaufbau der Impedanzplethysmographie exemplarisch. Es ist zu beachten, dass das Strömungsfeld des Messstroms im Gewebe nicht homogen und die genaue Feldausbreitung nicht vorhersagbar ist [47]. Die Bioimpedanz beinhaltet somit zwar kaum nützliche Informationen über die Gewebegeometrien, jedoch Informationen über deren zeitlichen Änderungen.

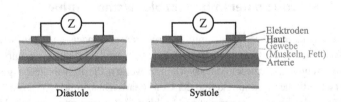

Abbildung 2.10 Exemplarischer Messaufbau der Impedanzplethysmographie

Wie in Abbildung 2.11 zu sehen, setzt sich der gemessene Impedanzbetrag bei der Impedanzplethysmographie aus einem Gleich- und einem Wechselanteil zusammen. Zur besseren Vergleichbarkeit mit zuvor gezeigten Druckkurven wird in der Abbildung die Bioimpedanz invertiert dargestellt.

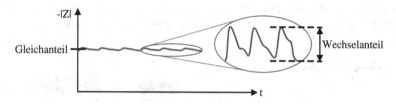

Abbildung 2.11 Typischer zeitlicher Verlauf der Bioimpedanz bei einer Impedanzplethysmographie

Der Gleichanteil repräsentiert die Bioimpedanz des Gewebes inklusive der mittleren Impedanz der pulsierenden Blutgefäße. Die in diesem Verfahren interessante Information ist jedoch der Wechselanteil. Wie in der Grafik angedeutet ist der Wechselanteil wegen der geringen Querschnittänderungen der Arterien jedoch gering gegenüber dem Gleichanteil. Typische Werte liegen in den Bereichen $|Z|_{DC} \approx 20\ldots100\ \Omega$ bzw. $|Z|_{AC} \approx 20\ldots100\ m\Omega$ [39, 63, 94].

2.3 Elektromyographie

Bei der Elektromyographie handelt es sich um ein häufig genutztes elektrisches Biomessverfahren zur Detektion von Muskelkontraktionen. Bekannte Anwendungsgebiete sind sowohl die Erkennung von Muskel- oder Nervenerkrankungen als auch die Steuerung von Prothesen [51, 126]. In dieser Arbeit wird es nahezu ausschließlich als Referenzsignal zur Detektion von Muskelkontraktionen genutzt. Daher stellt dieser Abschnitt nur eine Einführung in die Elektromyographie dar.

2.3.1 Grundlagen

Bei der Elektromyographie werden die aufsummierten Aktionspotentiale von Muskelzellen gemessen, welche während einer Kontraktion entstehen [130, 149]. Neben der Verwendung von invasiven Nadel-Elektroden zur örtlich hochaufgelösten Messung von EMG-Signalen, werden für die einfache Kontraktions-Detektion von ganzen Muskeln oder Muskelgruppen häufig Oberflächenelektroden genutzt [51]. Je nach Messort dieses Oberflächen-EMGs ergibt sich aus der Überlagerung vieler

Aktionspotentiale ein stochastisches Signal im Frequenzbereich zwischen 10 Hz und 500 Hz mit Amplituden von bis zu 5 mV [130]. Ein typisches EMG-Signal, welches am Unterarm mittels Oberflächenelektroden oberhalb des tiefen Fingerbeugemuskels (*Musculus flexor digitorum profundus*) abgeleitet wurde, ist in Abbildung 2.12 dargestellt. Es sind deutlich zwei Kontraktionen zu erkennen.

Abbildung 2.12 Exemplarisches EMG-Signal

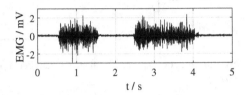

2.3.2 Messansatz und Störeinflüsse

Wie später noch beschrieben wird, weist die Ableitung der Spannungssignale bei der Bioimpedanzmessung ähnliche Probleme auf, wie die Ableitung eines EMG-Signals. Daher werden an dieser Stelle die Herausforderungen der Elektromyographie bereits detaillierter betrachtet.

Das Elektromyogramm wird mittels einer Differenzspannungsmessung zwischen zwei Elektroden abgenommen [51]. Ein Ersatzschaltbild dieser Messung ist in Abbildung 2.13 gezeigt. Die EMG-Signalquelle wird durch die Wechselspannungsquelle U_{EMG} in Kombination mit der zugehörigen Innenimpedanz $Z_{i,EMG}$ modelliert. Die auftretenden Elektrode-Haut-Übergänge werden, wie bereits in Abbildung 2.6, aus passiven elektrischen Bauelementen und jeweils einer Gleichspannungsquelle nachgebildet. Das Spannungsmessinstrument V weist eine parallele Innenimpedanz $Z_{i,M}$ auf.

Nach Zusammenfassen der Elektrode-Haut-Impedanzen zu Z_{E1} bzw. Z_{E2} lässt sich die tatsächlich gemessene Spannung U_M mittels

$$U_M = \frac{(U_{EMG} + U_{HZ1} - U_{HZ2}) \cdot Z_{i,M}}{Z_{i,EMG} + Z_{E1} + Z_{E2} + Z_{i,M}} \tag{2.6}$$

bestimmen. Wird davon ausgegangen, dass der Innenimpedanz-Betrag $|Z_{i,M}|$ des Messgerätes sehr groß gegenüber der Betragssumme der anderen passiven Bauelemente ist, so ist die gemessene Spannung die additive Überlagerung aus dem EMG-Signal und der Halbzellenspannungen gemäß

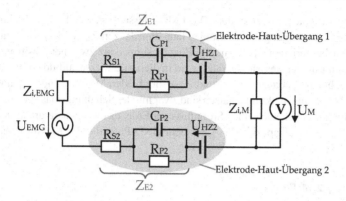

Abbildung 2.13 Prinzipieller Aufbau zur Messung eines EMG-Signals

$$U_M \approx U_{EMG} + U_{HZ1} - U_{HZ2} \quad |_{|Z_{i,M}| \gg |Z_{i,EMG}+Z_{E1}+Z_{E2}|}. \quad (2.7)$$

Im Idealfall heben sich bei Verwendung von gleichen Elektroden die Halbzellspannungen auf und es wird nur U_{EMG} gemessen. In der Realität sind die Halbzellspannungen jedoch nicht identisch, sondern weichen in geringem Maße voneinander ab [114]. Somit entsteht ein Gleichspannungsfehler im Messsignal. Da der Frequenzbereich von EMG-Signalen aber zwischen 10 Hz und 500 Hz liegt, kann dieser leicht von diesem Gleichspannungs-Fehler separiert werden. Deutlich problematischer sind zeitliche Änderungen der Halbzellenspannungen, welche beispielsweise durch mechanische Einflüsse auf die Elektroden entstehen [114]. Befinden sich diese Artefakte im Frequenzbereich des EMG-Signals, sind sie schwierig von dem Nutzsignal zu unterscheiden.

Einen weiteren Einfluss haben Einkopplungen von Störsignalen in den Messkreis. Besonders signifikant sind dabei die Einkopplungen der Netzspannung [55]. Da der zu vermessende Körper nicht resistiv mit der Netzspannung verbunden ist, koppelt diese ausschließlich kapazitiv und induktiv in den Körper ein, wobei die kapazitive Einkopplung dominiert. Typischerweise betragen die Koppelkapazitäten, je nach Umgebungsbedingungen, einige wenige pF, sind aber wegen ihrer komplexen geometrischen Abhängigkeiten nicht vorhersagbar [55]. In Abbildung 2.14 ist ein Ersatzschaltbild dargestellt, welches diese Kapazitäten berücksichtigt und deren Auswirkungen auf eine EMG-Messung verdeutlicht [119]. U_N stellt die auf das Erdpotential bezogene Netzspannung dar, welche über die Geometrie-bedingten Koppelkapazitäten C_{C1} und C_{C2} in den Körper einkoppelt. Obwohl die Messperson keine direkte Verbindung zur Erde hat, ist sie ebenfalls kapazitiv über C_{CE1}

mit dem Erdpotential verbunden. Die EMG-Messung geschieht über Elektroden
unter Berücksichtigung der Elektrode-Haut-Impedanzen Z_{E1} und Z_{E2}. Anstatt auf
die zuvor beschriebene differentielle Eingangsimpedanz zwischen positivem und
negativem Eingang des Messgerätes, wird in diesem Ersatzschaltbild ein Fokus auf
die Gleichtaktimpedanzen Z_{CM1} und Z_{CM2} der beiden Messeingänge U_+ und U_-
gelegt. Diese Gleichtaktimpedanzen sind zwar mit der Schaltungsmasse verbunden,
ermöglichen jedoch auch einen Stromfluss zur Erde, da diese wiederum mittels der
parasitären Koppelkapazität C_{CE2} mit dem GND-Potential des Messinstrumentes
verkoppelt ist.

Abbildung 2.14 Ersatzschaltbild der bei
EMG-Messungen
auftretenden kapazitiven
Einkopplung der
Netzspannung, basierend
auf [119]

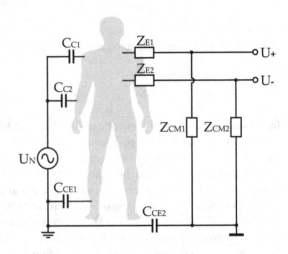

Es ist ersichtlich, dass trotz der geringen Koppelkapazitäten die Netzspannung
in den menschlichen Körper einkoppelt und dort einen Spannungsabfall erzeugt,
welcher in Form einer Differenzspannung zwischen den Messelektroden auftritt.
Wegen der typischerweise örtlich dicht beieinander liegenden Elektrodenanordnung und der niedrigen Bioimpedanzwerte, ist diese unerwünschte Differenzspannung jedoch sehr gering und kann in der späteren Signalverarbeitung leicht entfernt
werden [119]. Deutlich ausschlaggebender ist die an den Elektroden anliegende
Gleichtaktspannung U_{CM}. Unter Annahme eines idealen Verstärkers mit unendlich
hohen Gleichtaktimpedanzen Z_{CM1} und Z_{CM2} liegt diese auch an den Verstärkerein-
gängen an und kann gemäß

$$U_{CM} = \frac{U_+ + U_-}{2} \tag{2.8}$$

bestimmt werden. Herkömmliche Differenzverstärker können diese Gleichtaktsi-
gnale hinreichend unterdrücken [51]. Da die Gleichtaktimpedanzen von realen Verstärkern jedoch technisch begrenzt sind, entstehen zwei Spannungsteiler, welche
sich jeweils aus Z_E und Z_{CM} zusammensetzen. Analog zu einer Wheatstoneschen
Messbrücke entsteht so aus der Gleichtaktspannung eine Differenzspannung

$$U_{DN} = U_{CM} \frac{Z_{CM1} Z_{E2} - Z_{CM2} Z_{E1}}{(Z_{CM1} + Z_{E1})(Z_{CM2} + Z_{E2})}, \tag{2.9}$$

welche zwischen U_+ und U_- anliegt. Gegen diese Differenzspannung ist die
Gleichtaktunterdrückung des Verstärkers wirkungslos. Wegen der hohen Elektrode-
Haut-Impedanzen bei der Netzfrequenz und deren starker Varianz, können so unerwünschte Gegentaktsignale am Differenzverstärker auftreten, die in Größenbereichen der Nutzsignale sind [131]. Dies stellt die Grundlage für die Anforderung
einer hohen Gleichtakt-Eingangsimpedanz der Messschaltung dar. Um bereits das
Auftreten hoher Gleichtaktspannungen zu reduzieren, kann mittels einer dritten
Referenzelektrode das Potential der Schaltungsmasse oder das invertierte Gleich-
aktsignal an den Patienten zurückgeführt werden [115].

2.4   Elektrische Impedanzmyographie

Bei der elektrischen Impedanzmyographie handelt es sich um eine Anwendung der
Bioimpedanzmessung. Üblicherweise wird sie genutzt, um aus den passiven elektrischen Eigenschaften der Muskeln Schlüsse über deren Gesundheitszustand oder
den von Nerven zu ziehen [134, 135, 165]. Es gibt jedoch auch erste Ansätze, welche die zeitliche Detektion von Muskelkontraktion fokussieren [133, 160]. Diese
Information könnte beispielsweise alternativ oder ergänzend zum zuvor beschriebenen EMG für die Steuerung von Prothesen verwendet werden. Letztere Anwendung
wird in dieser Arbeit näher betrachtet.

2.4.1   Grundlagen

Anders als die Elektromyographie, beruht die EIM nicht auf der Aufzeichnung
von Muskelaktionspotentialen. Stattdessen werden die Muskelgeometrie und deren
Änderungen bei Kontraktionen mittels Bioimpedanzmessung detektiert [92, 133].
Ein maßgeblicher Vorteil gegenüber einer EMG-Messung ist, dass die Frequenz
des Bioimpedanz-Messsignals deutlich oberhalb des Frequenzbereichs von Bewe-

gungsartefakten liegt. Zudem ist die Messfrequenz bekannt, was die Unterscheidung zwischen Nutz- und Störsignal deutlich erleichtert.

Skelettmuskeln bestehen aus mehreren Muskelfaserbündeln, welche sich wiederum jeweils aus vielen einzelnen Muskelfasern zusammensetzen. Der Aufbau einer dieser Fasern ist in Abbildung 2.15 schematisch dargestellt [170]. Jede Faser besteht aus Myofibrillen, welche vom Sarcoplasma umgeben sind [154]. Die Myofibrillen bestehen wiederum aus einer Aneinanderreihung vieler Sarcomere, welche durch sogenannte Z-Scheiben separiert sind [170]. Auf Grundlage dieses Aufbaus wird angenommen, dass sich das Sarcoplasma, welches zum Großteil aus Wasser und Proteinen besteht, zunächst vorrangig resistiv verhält [170]. Parallel dazu werden die Myofibrillen ebenfalls als resistiv angenommen. Durch die Übergänge zwischen Sarcomere und Z-Scheiben entsteht zusätzlich ein kapazitives Verhalten. Aus der gezeigten Geometrie ist ersichtlich, dass die auftretende Bioimpedanz eine Anisotropie aufweisen muss und dass das Ersatzschaltbild nur für Messungen entlang der Muskelfaser zulässig ist [102].

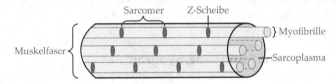

Abbildung 2.15 Prinzipieller Aufbau einer Skelettmuskulatur-Faser

Abbildung 2.16 zeigt das daraus folgende Ersatzschaltbild. R_1 repräsentiert hier das Sarcoplasma, R_2 das resistive Verhalten der Myofibrillen und C_1 das kapazitive Verhalten der Myofibrillen.

Abbildung 2.16
Ersatzschaltbild einer
Skelettmuskulatur-Faser

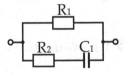

Die Bioimpedanz des modellierten Muskels Z_{Muskel} kann somit mittels

$$Z_{\text{Muskel}} = \frac{R_1 + j\omega R_1 R_2 C_1}{1 + j\omega C_1 (R_1 + R_2)} \tag{2.10}$$

beschrieben werden. Daraus ergibt sich ein Impedanzbetrag von

$$|Z_{\text{Muskel}}| = \frac{\sqrt{\left(R_1 + \omega^2 R_1 R_2 C_1^2 (R_1 + R_2)\right)^2 + \left(\omega R_1^2 C_1\right)^2}}{1 + \omega^2 C_1^2 (R_1 + R_2)^2}. \tag{2.11}$$

Wird nun der Muskel kontrahiert, so verkürzen sich die Sacomere und somit die Abstände zwischen den Z-Scheiben, was eine Erhöhung der Kapazität C_1 mit sich führt. Die Betrachtung der Grenzfälle

$$C_1 \to 0 \Rightarrow |Z_{\text{Muskel}}| = R_1; \quad \text{und} \quad C_1 \to \infty \Rightarrow |Z_{\text{Muskel}}| = \frac{R_1 R_2}{R_1 + R_2} \tag{2.12}$$

lässt erwarten, dass die Impedanzbeträge bei Muskelkontraktionen, unter Verwendung von Wechselstrom, sinken.

Unter Betrachtung der Bioimpedanzphase

$$\phi(Z_{\text{Muskel}}) = -\arctan\left(\frac{\omega C_1 R_1^2}{R_1 + \omega^2 C_1^2 R_1 R_2 (R_1 + R_2)}\right) \tag{2.13}$$

fällt auf, dass ω und C_1 bzw. ω^2 und C_1^2 ausschließlich als Produkt auftreten. Gemäß dem Modell führt die mit einer Muskelkontraktion einhergehende Erhöhung von C_1 daher zu einer Stauchung des Phasengangs entlang der Frequenzachse. In der häufig verwendeten logarithmischen Frequenzdarstellung entspricht dies einer Verschiebung des Phasengangs zu niedrigeren Frequenzen. Dieses Verhalten könnte für die Detektion von Muskelkontraktionen, unabhängig vom Impedanzbetrag, interessant sein und wird an späterer Stelle dieser Arbeit aufgegriffen.

2.4.2 Messansatz

Der Messaufbau der Impedanzmyographie entspricht dem der Impedanzplethysmographie in Abschnitt 2.2.3, wobei die Elektroden auf der Hautoberfläche so platziert werden, dass sich die zu vermessenden Muskeln bzw. Muskelgruppen im Messbereich befinden. In Abbildung 2.17 ist beispielhaft gezeigt, wie der zeitliche Betragsverlauf eines Impedanzmyographie-Signals aussehen kann [68, 133]. Er besteht aus einem Gleichanteil, welcher für diese Messung keine wesentlichen Informationen beinhaltet, und dem Wechselanteil, der durch das Kontrahieren der Muskeln verursacht wird. Der Einfluss der Pulswelle auf den Signalverlauf ist zu vernachlässigen, da bei der Impedanzmyographie deutlich höhere Impedanzänderungen in einstelligen Ohm-Bereichen zu erwarten sind [68, 133].

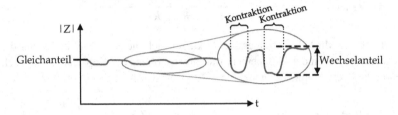

Abbildung 2.17 Typischer zeitlicher Verlauf der Bioimpedanz bei einer Impedanzmyographie, basierend auf [68, 133]

Im Gegensatz zu einem EMG-Signal liegt die maximale Signalamplitude des Nutzsignals nicht bereits zu Beginn einer Kontraktion an. Da die Bioimpedanzänderungen auf die Geometrieänderungen des Gewebes zurückzuführen sind, erreichen sie ihr Maximum erst zum Ende der ausgeführten Bewegung. Die Steigungen der gemessenen Signale sind entsprechend gering. Eine schnelle Detektion von beginnenden Muskelkontraktionen mittels Bioimpedanz erfordert daher nicht nur eine hinreichend hohe Zeit- sondern auch Impedanzauflösung.

Herausforderungen der Bioimpedanz-Instrumentierung

Wie zu Beginn dieser Arbeit beschrieben, kann die Bioimpedanzmessung für verschiedenste Anwendungsgebiete genutzt werden. Da bereits festgelegt wurde, dass in dieser Arbeit voranging simultane Mehrkanal-Messungen in Abhängigkeit der Zeit zur Pulswellen- und Muskelkontraktions-Detektion durchgeführt werden sollen, liegt der Schwerpunkt dieses Kapitels auf den damit einhergehenden Herausforderungen. Begonnen wird mit dem elektrischen Messprinzip zur Bestimmung der Bioimpedanz. Anschließend wird auf die Extraktion der Nutzinformationen aus dem gemessenen elektrischen Signal eingegangen. Nachdem auch die Einflüsse der Messleitungen und Elektroden analysiert wurden, werden die bei der Mehrkanalmessung auftretenden Schwierigkeiten näher betrachtet.

3.1 Messprinzip

Die Bestimmung einer unbekannten Bioimpedanz erfordert die Kenntnis des durchfließenden Stromes und der über der Impedanz abfallenden Spannung. Ob die für die Messung notwendige elektrische Energie der Bioimpedanz mittels einer Spannungsquelle oder einer Stromquelle zugeführt wird, ist technisch nicht relevant. Da jedoch, aus Gründen der elektrischen Sicherheit, der Strom im menschlichen Körper begrenzt werden muss, ist die Verwendung einer Stromquelle sinnvoll [118, 157].

Das resultierende trivialste Messprinzip ist in Abbildung 3.1 dargestellt. Der Messstrom I_M wird über die beiden Elektroden und die zugehörigen Elektrode-Haut-Impedanzen Z_{E1} und Z_{E2} in das Gewebe geleitet. Die Spannungsmessung wird bei diesem Messprinzip ebenfalls an diesen beiden Elektroden durchgeführt. Dadurch wird nicht nur der über der Bioimpedanz auftretende Spannungsabfall gemessen, sondern auch der seriell an den Elektrode-Haut-Übergangen entstehende. Da typischerweise die Elektrode-Haut-Impedanzen vielfach größer sind als die zu

messende Bioimpedanz und sich zusätzlich zeitlich ändern, ist dieser Ansatz für die Anforderungen der meisten Anwendungen nicht hinreichend [63].
Um die Auswirkung der hohen ESIs zu vermeiden, kann das Vierleitermessverfahren (Abbildung 3.2) genutzt werden. Bei diesem Verfahren werden zur Stromeinprägung in das Gewebe und zur Spannungsmessung separate Elektrodenpaare verwendet. Da der Innenwiderstand einer idealen Spannungsmesseinrichtung unendlich hoch ist, fließen keine Ströme durch Z_{E3} und Z_{E4}. Der somit gemessene Spannungsabfall resultiert daher ausschließlich durch Z_{Bio}.

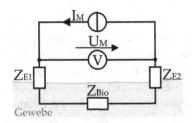
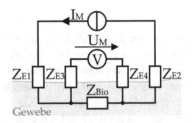

Abbildung 3.1 Zweileitermessung zur Bestimmung der Bioimpedanz

Abbildung 3.2 Vierleitermessung zur Bestimmung der Bioimpedanz

An späterer Stelle dieser Arbeit wird gezeigt, dass der Ansatz der Vierleitermessung zwar sinnvoll ist, die genannten Bedingungen aber stark idealisiert sind.

3.2   Signaldemodulation

Wie zuvor beschrieben, wird ein bekannter Wechselstrom I_M mit der Kreisfrequenz ω in eine unbekannte Bioimpedanz geleitet und die resultierende Spannung U_M gemessen. Gemäß dem Ersatzschaltbild einer Bioimpedanz (vgl. Abbildung 2.1), kann diese durch die Eigenschaften ausschließlich linearer Bauelemente modelliert werden. Somit wird erwartet, dass bei elektrischer Anregung keine Signale anderer Frequenz als die des Anregesignals auftreten. In Abbildung 3.3 ist die Bioimpedanz als lineares System dargestellt, welches sich ausschließlich auf die Ausgangsamplitude und -Phase auswirkt.

Abbildung 3.3 Vereinfachung der Bioimpedanzmessung

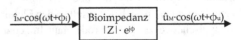

In vielen Bioimpedanzanwendungen ist die Auswertung der Phaseninformation nicht üblich, und es werden ausschließlich die Signalamplituden betrachtet [39, 44, 89, 94, 176]. In diesen Fällen kann die gemessene Spannung U_M als hochfrequentes Trägersignal aufgefasst werden, dessen Amplitude vom Betrag der Bioimpedanz bestimmt wird.

Diese Arbeit befasst sich vorwiegend mit zeitlich veränderlichen Bioimpedanzen. Daher ist nicht nur die Amplitude $\hat{u}_M$ der gemessenen Spannung von Interesse, sondern insbesondere deren geringen zeitlichen Variationen, wie sie beispielsweise bei der Impedanzplethysmographie auftreten. Somit entstehen durch diese Nutzsignale mit deutlich niedrigeren Kreisfrequenzen ω_N als der festgelegten Anrege- bzw. Trägerkreisfrequenz ω_T, die Seitenbänder zwischen $\omega_T - \omega_{N,max}$ und $\omega_T + \omega_{N,max}$. Das resultierende einseitige Amplitudenspektrum dieser Amplitudenmodulation ist in Abbildung 3.4 dargestellt. Es ist zu beachten, dass die maximal auftretenden Frequenzen $f_{N,max} = \frac{\omega_{N,max}}{2\pi}$ in den modulierenden Nutzsignalen von den zu vermessenden physiologischen Ereignissen abhängen, jedoch typischerweise im Bereich einiger weniger 10 Hz liegen. Die Trägerfrequenz befindet sich hingegen deutlich höher in kHz- bis MHz-Bereichen.

Abbildung 3.4 Einseitiges Amplitudenspektrum des amplitudenmodulierten Spannungssignals

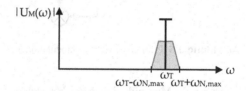

Das tatsächliche Spannungssignal, welches über der Bioimpedanz abfällt, ist in diesem Fall somit, anders als zuvor in Abbildung 3.3 vereinfacht gezeigt, auch abhängig von der Frequenz mit der sich die Bioimpedanz ändert. Es kann als

$$U_M = \hat{u}_T \cdot \cos(\omega_T t) + \frac{\hat{u}_N}{2} \cdot (\cos((\omega_T - \omega_N)t) + \cos((\omega_T + \omega_N)t)) \quad (3.1)$$

ausgedrückt werden. Zum Extrahieren der Information über den Impedanzbetrag muss eine Amplitudendemodulation des Spannungssignals durchgeführt werden. Diese kann sowohl kohärent, beispielsweise mittels einer Phasenregelschleife, vom Messsystem durchgeführt werden, als auch inkohärent [181]. Die Umsetzung des letzteren Verfahrens beruht in der Regel auf einer Gleichrichtung des Signals mittels Detektion der Nulldurchgänge und eine anschließende Tiefpassfilterung [181].

Wird für die Messanwendung zusätzlich auch die Phaseninformation der Bioimpedanz benötigt, so reicht eine Amplitudendemodulation nicht aus und der Spannungsabfall über der Impedanz muss als Ergebnis einer Quadraturamplitudenmodulation (QAM) interpretiert werden. Um in diesem Fall die Betrags- und Phaseninformation aus dem Spannungssignal zu erhalten, eignet sich das In-Phase-&-Quadrature (I&Q)-Verfahren [163]. Dessen Prinzip ist für eine zunächst als konstant angenommene Impedanz in Abbildung 3.5 gezeigt [166].

Zur Bestimmung der Inphase- $I_{\mathrm{AM}}(t)$ und der Quadraturkomponente $Q_{\mathrm{AM}}(t)$ wird das gemessene Spannungssignal jeweils mit einem harmonischen Signal multipliziert. Dieses harmonische Signal weist im oberen I-Zweig die gleiche Frequenz und Phasenlage auf wie der genutzte Messstrom. Im Q-Zweig handelt es sich um das gleiche harmonische Signal, welches jedoch um 90° phasenverschoben ist. Nach den Multiplikationen werden beide Komponenten Tiefpass-gefiltert.

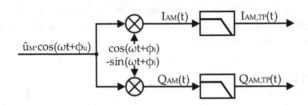

Abbildung 3.5 Prinzip der I&Q-Demodulation, basierend auf [166]

Durch die Multiplikationen ergeben sich die beiden Komponenten

$$I_{\mathrm{AM}}(t) = \hat{u}_{\mathrm{M}} \cdot \cos(\omega t + \phi_{\mathrm{u}}) \cdot \cos(\omega t + \phi_{\mathrm{i}})$$

$$= \frac{\hat{u}_{\mathrm{M}}}{2} \left(\cos(\phi_{\mathrm{u}} - \phi_{\mathrm{i}}) + \cos(2\omega t + \phi_{\mathrm{u}} + \phi_{\mathrm{i}}) \right) \tag{3.2}$$

$$Q_{\mathrm{AM}}(t) = -\hat{u}_{\mathrm{M}} \cdot \cos(\omega t + \phi_{\mathrm{u}}) \cdot \sin(\omega t + \phi_{\mathrm{i}})$$

$$= -\frac{\hat{u}_{\mathrm{M}}}{2} \left(\sin(\phi_{\mathrm{i}} - \phi_{\mathrm{u}}) + \sin(2\omega t + \phi_{\mathrm{u}} + \phi_{\mathrm{i}}) \right). \tag{3.3}$$

Nach dem anschließenden Passieren der Tiefpassfilter, welche in der Lage sein müssen, die hochfrequenten Wechselanteile der beiden Komponenten hinreichend zu dämpfen, vereinfachen sich die Terme zu

$$I_{\text{AM,TP}}(t) = \frac{\hat{u}_{\text{M}}}{2} \cos(\phi_{\text{u}} - \phi_{\text{i}}) \qquad (3.4)$$

$$Q_{\text{AM,TP}}(t) = \frac{\hat{u}_{\text{M}}}{2} \sin(\phi_{\text{u}} - \phi_{\text{i}}). \qquad (3.5)$$

In diesen Gleichungen befinden sich wegen der als konstant angenommenen Impedanz keine t. Da in realen Anwendungen die Impedanz jedoch variiert, existieren in diesem Fall auch für $I_{\text{AM,TP}}$ und $Q_{\text{AM,TP}}$ Zeitabhängigkeiten. Aus den beiden Komponenten können mittels

$$\hat{u}_{\text{M}} = 2\sqrt{I_{\text{AM,TP}}^2 + Q_{\text{AM,TP}}^2} \qquad (3.6)$$

$$\phi = \phi_{\text{u}} - \phi_{\text{i}} = \arctan\left(\frac{Q_{\text{AM,TP}}}{I_{\text{AM,TP}}}\right) \qquad (3.7)$$

die gesuchte Amplitude und Phasenlage des gemessenen Spannungssignals bestimmt werden.

Sollen simultane Mehrfrequenzmessungen der Bioimpedanz durchgeführt werden, so kann eine Überlagerung verschieden-frequenter Ströme in die Impedanz geleitet werden. Zur Demodulation wird dann je Frequenz ein Demodulator benötigt. Ein weiterer Ansatz, mit dem auch Frequenzgänge von Impedanzen erfasst werden können, ist die Breitbandanregung der unbekannten Impedanz und die anschließende Transformation von Strom- und Spannungssignalen in den Frequenzbereich. Durch komplexe Division der beiden Spektren lässt sich der Frequenzgang der Bioimpedanz bestimmen [63, 145].

3.3 Signalaufnahme-Topologien

Wird angenommen, dass die Informationen über die Bioimpedanz in digitaler Form bereitgestellt werden sollen, kann verallgemeinert kann gesagt werden, dass eine Umsetzung der Bioimpedanzmessung in ein Messsystem aus drei elementaren Komponenten besteht. Benötigt werden ein ADC, eine Signaldemodulation und meistens eine zusätzliche Digitale Signalverarbeitung (DSV) zur Berechnung der Impedanzwerte oder zur Störungsreduktion. Die Reihenfolge dieser Verarbeitungsschritte kann jedoch für jede Implementierung anders sein und muss den Anforderungen der Anwendung entsprechend angepasst sein. So kann es beispielsweise sinnvoll sein, die Signale möglichst zu Beginn zu digitalisieren und nach dieser Diskretisierung die Demodulation und weitere Signalverarbeitungsschritte durchzuführen. Es kann aber auch vorteilhaft sein, die Demodulation noch vor der Digitalisierung durchzuführen. Beide Topologien sind in Abbildung 3.6 bzw. 3.7 gezeigt.

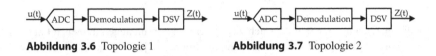

Abbildung 3.6 Topologie 1   **Abbildung 3.7** Topologie 2

Ein bereits genanntes Merkmal der Bioimpedanzmessung liegt in der sehr hohen Trägerfrequenz, die bis in den MHz-Bereich reicht, und der sehr viel geringeren Nutzsignal-Frequenz im Hz-Bereich. Das hat zur Folge, dass bei Verwendung der Topologie 1 sehr hohe Abtastraten benötigt werden, um das Nyquist-Kriterium zu erfüllen. Mit steigender Abtastrate sinken jedoch typischerweise die Auflösungen der kommerziell verfügbaren ADCs [65]. Zudem entstehen durch die hohen Abtastraten entsprechend hohe Datenraten. Diese führen zu einem großen Speicherplatzbedarf und einer rechenintensiven Demodulation und eventuell anschließenden DSV. Ein Ausweg kann die Unterabtastung der Signale sein. Da sich die Signalqualität bei starker Unterabtastung jedoch verschlechtert, ist dieser Ansatz limitiert [174]. Zudem müssen die genutzten ADCs nicht nur die geringere Abtastrate zur Verfügung stellen, sondern weiterhin auch für die hohe Signalfrequenz ausgelegt sein. Die Topologie 2 hat den Vorteil, dass wegen der analogen Demodulation nur noch Signale im Frequenzbereich der Nutzsignale digital verarbeitet werden müssen. Dadurch können ADCs mit geringer Abtastrate und hoher Auflösung ausgewählt werden, wie sie insbesondere für die Impedanzplethysmographie notwendig ist (vgl. Abschnitt 2.2.3). Die tatsächlich erzielbare Signalqualität hängt jedoch stark von der Umsetzung einer solchen analogen Demodulation ab. Zudem ist der Bedarf an analoger Schaltungstechnik erhöht gegenüber Topologie 1.

3.4   Messleitungen

Für die elektrische Verbindung zwischen Messelektroden und Impedanz-Messsystem werden Leitungen benötigt. Wegen ihrer nicht-idealen Eigenschaften können sie die Bioimpedanzmessung beeinflussen bzw. die Ergebnisse verfälschen. Es ist daher sinnvoll, diese gemäß der Leitungstheorie zunächst in ein Ersatzschaltbild zu überführen. Abbildung 3.8 zeigt die allgemeine Form für eine Zweidrahtleitung. Dieses setzt sich aus den Leitungsbelägen R', L', G' und C' zusammen, welche die jeweilige elektrische Leitungscharakteristik, bezogen auf ihre Länge, beschreiben [164]. Da sich die zu erwartenden Wellenlängen der Messsignale in Bereichen einiger 100 m befinden und somit deutlich länger sind als praktikable Messleitungen, müssen die Verfahren der Hochfrequenztechnik nicht angewandt werden [164]. Es kann daher angenommen werden, dass $U_A = U_E$ gilt. Somit sind nur G' und C' zu berücksichtigen.

Abbildung 3.8 Ersatz-schaltbild einer elektrischen Leitung

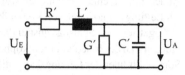

Typische Leitwerte G' von Messleitungen resultieren unter Annahme von Leitungslängen im Meter-Bereich in Isolationswiderstände von vielen GΩ und sind daher in dieser Messanwendung wenig kritisch [132]. Das kapazitive Verhalten der Leitung ist hingegen im verwendeten Signalfrequenzbereich deutlich dominanter [164]. So weist bspw. ein Koaxialkabel (RG 58 C/U) einen Kapazitätsbelag von 100 pF/m auf, was bei den Frequenzen der Bioimpedanzmessung und realistischen Leitungslängen einer Reaktanz im Bereich einiger 10 kΩ entspricht [132]. Das Ersatzschaltbild einer Bioimpedanzmessung muss daher um diese Leitungskapazitäten, wie in Abbildung 3.9, erweitert werden. Da es bei Bioimpedanzmessungen üblich ist, das Einkoppeln von Störungen auf die Signalleitungen mittels Koaxialkabel zu vermeiden, werden diese auch im Ersatzschaltbild angenommen [47, 62]. Die Leitungskapazitäten C_{I1}, C_{I2}, C_{U1} und C_{U2} treten daher zwischen den Innenleitern und den Schirmen mit Massepotential der insgesamt vier Messleitungen auf.

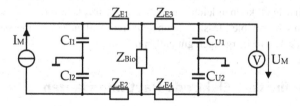

Abbildung 3.9 Um Leitungskapazitäten erweitertes Ersatzschaltbild einer Bioimpedanz-messung unter Verwendung von Koaxialkabeln

Es ist zu sehen, dass nicht mehr der gesamte Messstrom I_M durch die Bioimpedanz fließt, sondern auch anteilig durch diese Kapazitäten. Diese systematische

Abweichung lässt sich jedoch gut vorhersagen und mittels Kalibrierung und anschließender Justierung korrigieren. Kritischer sind Änderungen der Leitungskapazitäten in Abhängigkeit der Zeit, insbesondere wenn sich diese Änderungen im Frequenzbereich der Nutzsignale befinden. Auftreten können solche Kapazitätsänderungen durch Geometrieänderungen der Leitungen, wie beispielsweise beim Knicken. In diesem Fall kann zwischen Variation der Bioimpedanz und der Leitungskapazitäts-Änderungen nicht unterschieden werden. Ein gängiges Verfahren um die Einflüsse der Leitungskapazitäten von Koaxialkabeln zu minimieren ist die Verwendung eines aktiv getriebenen Schirms, anstatt des Massebezugs [63, 129]. Dazu wird das Spannungssignal des Innenleiters entkoppelt auf den jeweiligen Leitungsschirm angelegt. Somit fällt über der Leitungskapazität keine Spannung ab, welche zu einem Umladen der Kapazität führen würde. Damit werden die Auswirkungen des kapazitiven Verhaltens vermieden.

Tatsächlich sind bei den in dieser Arbeit betrachteten Messanwendungen die geometrischen Änderungen der Leitungen so gering, dass die Kapazitätsänderungen gemäß Messungen aus Vorarbeiten keinen signifikanten Einfluss auf das Messergebnis haben. Deutlich stärker sind die Auswirkungen solcher mechanischer Leitungsbewegungen auf die Elektrode-Haut-Impedanzen und die zu vermessende Bioimpedanz. Bereits geringe Kräfte können die Bioimpedanzmessung stark beeinflussen [81, 149, 172]. Daher ist es in vielen Anwendungen sinnvoll, den Fokus auf die mechanische Flexibilität der Messleitungen nicht zu vernachlässigen. Die in dieser Arbeit betrachteten Messverfahren beruhen stets auf dicht beieinander liegenden Elektrodenpaaren. Zur Vermeidung von Einflüssen durch äußere Störsignale kann daher auch die differentielle Leitungsführung in Betracht gezogen werden. Diese hat den Vorteil, dass Störungen nahezu gleichermaßen auf die beiden Signale eines Leitungspaares wirken und durch eine anschließende Differenzbildung, bspw. mittels eines Differenzverstärkers, sich aufheben [164]. Differentielle Leitungen, wie Twisted-Pair-Kabel, können leicht mit beliebigen Einzeladern erzeugt werden. So können auch sehr flexible Messleitungen gefertigt werden, welche mechanisch von den Elektrode-Haut-Übergängen gut entkoppelt sind.

3.5   Einfluss der Elektrode-Haut-Impedanzen

Wie bei der Elektromyographie (Abschnitt 2.3.2), haben die Elektrode-Haut-Übergänge einen signifikanten Einfluss auf die Bioimpedanzmessung [47]. In Abbildung 3.10 ist das Ersatzschaltbild einer Bioimpedanzmessung, unter Berücksichtigung einer realen Differenzspannungsmessung, gezeigt. Die positive (U_{in+}) und negative Eingangsspannung (U_{in-}) sind galvanisch über die parasitäre

Differenz-Eingangsimpedanz Z_D miteinander verbunden. Zusätzlich sind beide Eingänge über die Gleichtakt-Eingangsimpedanzen Z_{CM1} bzw. Z_{CM2} mit der Schaltungsmasse verbunden [21]. Typischerweise liegen Z_D und Z_{CM} in ähnlichen Größenbereichen und können mittels jeweils einer RC-Parallelschaltung hinreichend modelliert werden. Da bei herkömmlichen Differenzverstärkern die resistiven Anteile im GΩ-Bereich liegen, ist ihr Einfluss auf die Messung vernachlässigbar. Die parasitären Kapazitätsanteile von ca. $0{,}5...10\,\mathrm{pF}^{1}$ können jedoch bei hohen Messfrequenzen zu Eingangsimpedanzen führen, welche in Größenordnungen der ESIs liegen.

Abbildung 3.10 Ersatzschaltbild einer Bioimpedanzmessung unter Berücksichtigung der Elektrode-Haut-Übergänge und einer realen Spannungs-Messeinrichtung

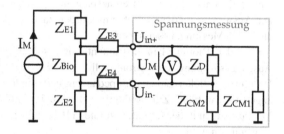

Da die Stromquelle, die den Messstrom I_M ausgibt, einer realen elektronischen Schaltung entspricht, existieren für ihren korrekten Betrieb technische Bedingungen. Eine dieser Anforderungen ist, dass der Spannungsabfall über der angeschlossenen Lastimpedanz nicht die schaltungstechnisch begrenzte maximale Ausgangsspannung (engl. compliance voltage) der Stromquelle überschreiten darf. Da die maximale Lastimpedanz Z_L auftritt, wenn die der Spannungsmessung zugehörigen Impedanzen maximal werden, gilt als Abschätzung der Zusammenhang

$$|Z_L| \leq |Z_{E1}| + |Z_{Bio}| + |Z_{E2}|. \tag{3.8}$$

Ein weiteres Messproblem liegt darin, dass unter Berücksichtigung der ESIs ein hoher Gleichtakt-Signalanteil am Verstärkereingang auftritt. Unter Vernachlässigung der Innenimpedanzen der Spannungsmessung beträgt dieser

$$U_{CM} = I_M \frac{Z_{Bio} + 2 \cdot Z_{E2}}{2}. \tag{3.9}$$

---

[1]vgl. Differenzverstärker: Analog Devices AD8250, Texas Instruments INA128, Texas Instruments INA333.

Er ist somit stark von Z_{E2} abhängig und kann während einer Messung stark variieren. Da Differenzverstärker neben ihrer Differenzverstärkung A_D auch stets eine technisch nicht vermeidbare Gleichtaktverstärkung A_{CM} aufweisen, wird die Ausgangsspannung gemäß

$$U_{Out} = A_D\,(U_{in+} - U_{in-}) + A_{CM}U_{CM} \qquad (3.10)$$

verfälscht [21].

Zudem können die Innenimpedanzen des Spannungs-Messinstrumentes, welche in Kombination mit unterschiedlichen Elektrode-Haut-Impedanzen ungleiche Spannungsteiler darstellen, die Differenzspannung zwischen U_{in+} und U_{in-} beeinflussen. Die Auswirkungen dieses Problems wurden zuvor in Abschnitt 2.3.2, bezogen auf die EMG-Messung, beschrieben.

Bei der Bioimpedanz-Instrumentierung sollten daher eine hohe zulässige Ausgangsspannung der Stromquelle, niedrige und zeitkonstante ESIs, hohe Differenzverstärker-Eingangsimpedanzen und niedrige Gleichtaktverstärkungen angestrebt werden. Zur Reduktion des Gleichtaktfehlers sind auch spezielle Messaufbauten in der Literatur zu finden [63], auf die an dieser Stelle nicht weiter eingegangen wird.

3.6   Elektrische Sicherheit

Die Elektrizität stellt für den Menschen eine gesundheitliche Gefahr dar. So kann der elektrische Strom auf den Körper chemische, thermische oder Reizwirkungen ausüben. Für letztere genügen bereits Ströme von einigen wenigen mA zur Beeinträchtigung des menschlichen Körpers [47]. Die Auswirkungen des elektrischen Stromes hängen neben der Stromstärke auch von der Dauer der Stromeinwirkung, der Frequenz und dem Strompfad durch den Körper ab [90]. Die regulatorischen Anforderungen an die elektrische Sicherheit von medizinischen elektrischen Geräten werden in der Norm DIN EN 60601-1 beschrieben. Gemäß dieser Norm ist der Anwendungsteil eines Bioimpedanzmesssystems als Typ BF einzuordnen. Somit dürfen die den Körper durchfließenden Hilfs- oder Ableitströme im Normalzustand nicht höher als $10\ \mu A|_{f<0,1\ Hz}$ bzw. $100\ \mu A|_{f\geq0,1\ Hz}$ sein. Diese Ströme dürfen im ersten Fehlerfall auf den fünffachen Wert ansteigen. Um das Frequenzverhalten des Gewebes in die Gefahrenbetrachtung mit einzubeziehen, werden diese Ströme laut Norm über einen Tiefpass erster Ordnung mit einer Grenzfrequenz von $f_c = 1\ kHz$ gemessen. Somit dürfen bei höheren Frequenzen auch höhere Ströme, wie in Abbildung 3.11 zu sehen, durch den Körper des Patienten fließen, jedoch in keinem Fall über 10 mA [118].

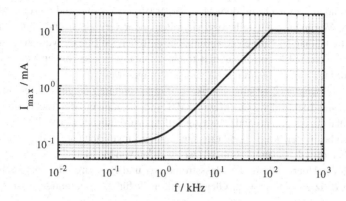

Abbildung 3.11 Maximal zulässige Patientenhilfs- und Ableitströme in Abhängigkeit der Frequenz gemäß DIN EN 60601-1

3.7 Mehrkanalmessung

In einigen Messanwendung kann es sinnvoll sein, mehrere Bioimpedanzmessungen, unter Verwendung unterschiedlicher Elektrodenpositionen, simultan durchzuführen. Eine bekannte Anwendung ist die Elektrische Impedanz-Tomographie (EIT) [63]. Die Verwendung mehrerer Messkanäle kann aber auch für die in dieser Arbeit im Fokus stehenden Anwendungsgebiete der Impedanzplethysmographie und der Impedanzmyographie nützlich sein. So kann beispielsweise, durch simultane Bioimpedanzmessungen entlang einer Arterie, die Pulswellenlaufzeit zwischen den Messpunkten bestimmt werden. Eine weitere denkbare Anwendung ist die gleichzeitige Messung der Kontraktion eines Muskels und die Messung der korrespondierenden Streckung des entgegengerichteten Muskels. Die Kombination mehrerer Messkanäle am selben Körper führt jedoch zu technischen Herausforderungen, welche in diesem Abschnitt vorgestellt werden. Außerdem werden Ansätze dargestellt, wie diese Probleme gelöst werden können.

3.7.1 Verkopplungseffekte

Da bei der Mehrkanalmessung verschiedene Stromquellen und Spannungsmesseinrichtungen zeitgleich mit dem Messkörper verbunden sind und dieser eine galvanische Verbindung darstellt, sind sie miteinander verkoppelt und können nicht getrennt voneinander betrachtet werden. Die auftretenden Effekte werden exemplarisch an Zweikanal-Messaufbauten betrachtet. Die Ergebnisse können jedoch leicht auf Anordnungen mit mehreren Kanälen übertragen werden.

In Abbildung 3.12 ist eine Zweikanal-Messanordnung dargestellt, bei der die äußeren vier Elektroden dem Messkanal 1 und die inneren vier Elektroden dem Messkanal 2 zugeordnet sind. Die eingeleiteten Strömungsfelder sind vereinfacht im Gewebe in den korrespondierenden Farben eingezeichnet. In der Grafik ist erkennbar, dass der Spannungsabfall U_{M2}, welcher von Messkanal 2 gemessen wird, sich aus der Überlagerung der Messströme I_{M1} und I_{M2} durch die entsprechende Bioimpedanz zusammensetzt. Gleiches gilt auch für die Spannungsmessung von Messkanal 1.

Da es sich bei der technischen Umsetzung der eingezeichneten Stromquellen um elektronische Schaltungen mit gleicher elektrischer Energieversorgung handelt, besitzen sie einen gemeinsamen Bezug zum Messepotential des Bioimpedanz-Messsystems. Herkömmliche Stromquellen, wie sie in Bioimpedanz-Messsystemen verwendet werden, besitzen keinen differentiellen Stromausgang, sondern erzeugen am positiven Ausgang einen auf Schaltungsmasse bezogenen Messstrom [63, 157, 182]. Die so entstehenden galvanischen Verkopplungen sind in Abbildung 3.13 veranschaulicht. Bei Verwendung von zwei Stromquellen existieren somit auch zwei Elektroden mit Massepotential an unterschiedlichen Positionen. Dadurch teilen sich die Messströme im Gewebe auf. Das führt zum einen zu unerwünschten geometrischen Beeinflussungen der Strömungsfelder, zum anderen ist der tatsächliche Messstrom im untersuchten Gewebe nicht mehr der erwartete.

Die Spannungsmesseinrichtungen weisen typischerweise sehr hohe Innenimpedanzen auf und haben bei Verwendung von Differenzverstärkern keine GND-Elektrode [91]. Daher haben sie keinen ausschlaggebenden Einfluss bei den galvanischen Verkopplungen der Messkanäle und werden bei deren Betrachtungen im Folgenden vernachlässigt.

In Abbildung 3.14 wird das Verkopplungsproblem in ein Ersatzschaltbild überführt. Darin entsprechen Z_{I1} und Z_{I2} den jeweiligen Innenimpedanzen der beiden Stromquellen und Z_{E11}, Z_{E12}, Z_{E21} und Z_{E22} den Elektrode-Haut-Übergangsimpedanzen. Die Impedanzen $Z_{Bio1}...Z_{Bio6}$ repräsentieren die sich zwischen den Stromelektroden befindenden Bioimpedanzen des Gewebes.

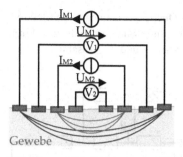
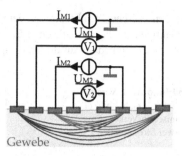

Abbildung 3.12 Prinzip zweier idealer simultaner Bioimpedanzmessungen

Abbildung 3.13 Prinzip zweier verkoppelter Bioimpedanzmessungen

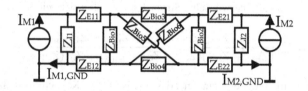

Abbildung 3.14 Ersatzschaltbild der galvanischen Verkopplung von zwei Stromquellen

Zur Unterscheidung zwischen dem jeweiligen Quellstrom und dem über die zugehörige negative Elektrode zurückfließenden Strom, sind zusätzlich die Ströme $I_{M1,GND}$ und $I_{M2,GND}$ eingezeichnet, wobei im Idealfall

$$I_{M1,GND} = I_{M1} \quad \text{und} \quad I_{M2,GND} = I_{M2} \tag{3.11}$$

gilt.

Um den Einfluss der Verkopplung auf den Stromanteil zur jeweils unerwünschten GND-Elektrode näher zu betrachten, ist es wegen der Linearität und Symmetrie des Netzwerks hinreichend, nur eine der Stromquellen als aktiv anzunehmen. Es wird daher ausschließlich betrachtet, wie die Aufteilung des Quellstromes I_{M1} im Netzwerk von der Verkopplung beeinflusst wird. Eine weitere Vereinfachung ist die Annahme, dass es sich um ideale Stromquellen mit unendlich hoher Innenimpedanz handelt. Das ist für diese Betrachtung zulässig, da die Innenimpedanzen vielfach größer als die anderen im Netzwerk befindlichen Impedanzen sind. Das Ersatzschaltbild kann somit, wie in Abbildung 3.15, vereinfacht dargestellt werden. Darin repräsentieren die beiden Koppelimpedanzen Z_{C1} und Z_{C2} die Gewebeimpedanzen zwischen den Elektroden der aktiven Quelle und der negativen Elektrode der inaktiven Quelle. Im Falle einer Einkanal-Messung würden sich die vom Strom durchflossene Impedanz aus diesen Koppelimpedanzen und Z'_{Bio} zusammen setzen.

Abbildung 3.15 Vereinfachtes Ersatzschaltbild der
galvanischen Verkopplung
von zwei Stromquellen

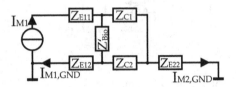

Der in diesem Fall unerwünschte Strom $I_{M2,GND}$ lässt sich mittels

$$I_{M2,GND} = I_{M1} \frac{Z_{E12}(Z_{C1} + Z_{C2} + Z'_{Bio}) + Z_{C2}Z'_{Bio}}{(Z_{E12} + Z_{E22})(Z_{C1} + Z_{C2} + Z'_{Bio}) + Z_{C2}(Z_{C1} + Z_{C2})} \quad (3.12)$$

bestimmen. Wird unter der Annahme, dass die Bio- bzw. Koppelimpedanzen deutlich geringer sind als die Elektrode-Haut-Impedanzen, weiter vereinfacht, so gilt

$$I_{M2,GND} = I_{M1} \frac{Z_{E12}}{Z_{E12} + Z_{E22}} \Big|_{|Z'_{Bio}|,|Z_{C1}|,|Z_{C2}| \to 0}. \quad (3.13)$$

Es entsteht somit erwartungsgemäß ein einfacher Stromteiler, bestehend aus den drei Elektrode-Haut-Impedanzen, welcher vereinfacht die Aufteilung des Messstroms und die Signifikanz dieses Problems beschreibt.

3.7.2 Trennung der Spannungsmesseinrichtungen

Wie beschrieben, beeinflussen die Spannungsmesseinrichtungen zwar nicht die geometrische Ausbreitung der Messströme, jedoch setzen sich die abgeleiteten Spannungen aus Überlagerungen der unterschiedlichen Messströme über der Bioimpedanz zusammen. Eine einfache Möglichkeit, dieses Problem zu umgehen ist eine Elektrodenanordnung, die diese Überlagerungen verhindert bzw. minimiert. Damit sind die Messanwendungen jedoch stark eingeschränkt. Zudem kann wegen der unbekannten Leitwertverteilung im Körper das tatsächliche Strömungsfeld stark von dem erwarteten abweichen [49].

Ein technischer Ansatz ist das Zeit-Multiplexing, bei dem die Messströme der verwendeten Messkanäle zeitlich abwechselnd in das Gewebe geleitet werden [63].

Bei der Auswertung der Spannungssignale werden dann nur die Zeitspannen berücksichtigt, in denen die zugehörige Stromquelle aktiv ist. Bei diesem Verfahren handelt es sich nicht um simultane Mehrkanalmessungen. Wird jedoch für die Messanwendung hinreichend oft zwischen den Messkanälen hin- und hergeschaltet, so kann es als quasi-simultan beschrieben werden. Zwischen den einzelnen Impedanzmessungen treten unvermeidbare Umschaltzeiten auf. Deren Dauer wird von der technischen Umsetzung der Schalter und von der Dauer auftretender Einschwingvorgängen bestimmt. Diese Umschaltzeiten T_{sw} in Kombination mit der Gesamtanzahl der Messkanäle N begrenzen die durch Multiplexing erreichbare Abtastrate der einzelnen Kanäle $f_{s,CH}$ gemäß

$$f_{s,CH} < \frac{1}{N \cdot T_{sw}}. \tag{3.14}$$

Neben dieser technischen Begrenzung ist die komplexe Steuerung der Umschaltvorgänge bei diesem Ansatz ein Nachteil.

Ein weiterer technischer Lösungsansatz ist das Frequenz-Multiplexing [46]. Dabei werden simultan die Messströme mit unterschiedlicher Frequenz in das Gewebe geleitet. Die Spannungsmesseinrichtung kann mittels Kenntnis der Kanalzugehörigen Signalfrequenz die relevanten Nutzdaten extrahieren. Bei diesem Ansatz ist zu beachten, dass auch bei Verwendung mehrerer simultaner Messströme, weiterhin die Anforderungen an die elektrische Sicherheit eingehalten werden müssen.

3.7.3 Trennung der Stromquellen

Um das beschriebene Verkoppeln der Stromquellen zu verhindern, kommen unterschiedliche Verfahren in Betracht. Die folgenden vorgestellten Ansätze müssen bei einer Implementierung auch das gewählte Verfahren der Trennung der Spannungsmesseinrichtungen berücksichtigen.

Zeitmultiplexing
Wie bereits bei den Spannungsmessungen beschrieben, ist es möglich, die verwendeten Stromquellen zeitlich voneinander getrennt an den Körper anzuschließen. Dabei ist es zur Kanaldeaktivierung nicht ausreichend, den von der Quelle ausgegebenen Strom herunterzusetzen, sondern es muss eine galvanische Trennung stattfinden. Dieser Ansatz ist durch die Umschaltvorgänge und die zugehörigen

Einschwingvorgänge der elektronischen Schaltungen in der Umschaltfrequenz begrenzt.

Symmetrische Stromquellen
Ein weiterer Ansatz ist die Realisierung von symmetrischen Stromquellen, wie sie in Abbildung 3.16 dargestellt sind [157]. Dabei gilt für die zusammengehörigen Teilstromquellen $I_{M1a} = -I_{M1b}$ und $I_{M2a} = -I_{M2b}$, sodass ausschließlich der jeweils in die Last Z_L eingeprägte Strom wieder in die zugehörige komplementäre Teilstromquelle fließen kann. Wegen der hohen Innenimpedanzen der Teilstromquellen können die Messströme nicht auf anderem Wege zur Schaltungsmasse fließen.

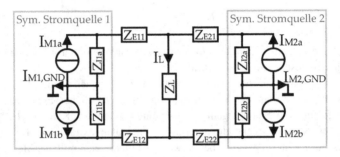

Abbildung 3.16 Ersatzschaltbild einer Zweikanal-Bioimpedanzmessung unter Verwendung von symmetrischen Stromquellen

Dieser Ansatz funktioniert nur, wenn die beiden zusammengehörigen, komplementären Teilstromquellen dasselbe Verhalten aufweisen. Bereits geringe Abweichungen führen zu einem Differenzstrom I_D, der nur über die Innenimpedanzen der Stromquellen zur Schaltungsmasse fließen kann. Unter Annahme, dass die Innenimpedanzen der Quellen gleich sind und viel größer gegenüber der Lastimpedanz und den Elektrode-Haut-Impedanzen sind, entsteht bei Verwendung von N symmetrischen Stromquellen ein Spannungsabfall von

$$U_D = I_D \frac{Z_I}{2N}, \tag{3.15}$$

den die Stromquelle erzeugen können muss. Da sich die Innenimpedanzen der Stromquellen jedoch im hohen kΩ- bis MΩ-Bereich befinden, entstehen in diesem Fall sehr hohe Spannungsabfälle, die bei Überschreitung der maximalen Ausgangsspannung der Stromquellen zur Fehlfunktion führen [63, 71]. Neben der gleichen Amplitude müssen die zusammengehörigen Ausgangsströme auch Phasengleichheit aufweisen, um keinen Differenzstrom zu erzeugen. Da eine ideale Stromquelle eine unendlich hohe Innenimpedanz aufweist, nehmen die Probleme mit Qualität derer technischen Umsetzung zu. Ein hinreichend präzises Angleichen der beiden benötigten Stromquellen ist, unter Berücksichtigung von realen Bauteiltoleranzen, schaltungstechnisch sehr aufwendig.

Galvanische Trennung der Stromquellen
Das Problem der gleichen Massepotentiale der am Körper angeschlossenen Stromquellen kann auch verhindert werden, indem die Stromquellenschaltungen galvanisch voneinander getrennt werden [50]. Dazu müssen alle realisierten elektronischen Stromquellen-Schaltungen von separaten Spannungsversorgungen betrieben werden. Die galvanische Trennung der Versorgungen kann bspw. mittels Transformatoren oder durch Verwendung von Batterien erfolgen. Zusätzlich müssen auch potentiell benötigte Datenleitungen galvanisch getrennt werden. Diese Umsetzungsmöglichkeit erfordert zwar ebenfalls einen erhöhten Schaltungsaufwand, ist aber weder durch Umschaltzeiten noch durch die Stromquellencharakteristik begrenzt. Da dieser Ansatz simultane Bioimpedanzmessungen ermöglicht und komplexes Multiplexing vermeidet, wird in den folgenden Systementwicklungen auf ihn zurückgegriffen.

Plethysmographie-Messsystem

4

Wie in Abschnitt 2.2 beschrieben, gibt es verschiedene Messansätze, für die das zeitliche Verhalten und die Form der Pulswelle an unterschiedlichen Messorten von Interesse sind. Um dazu die Pulswelle vom Körper abzuleiten, werden häufig Blutdruckmanschetten oder optische PPG-Sensoren verwendet [3, 123, 127]. Neben dem Nachteil, dass das Inflatieren einer Manschette die Messbedingungen verfälscht, beschränken sich diese Verfahren auf Arterien in den Extremitäten bzw. Blutgefäße dicht unterhalb der Hautoberfläche. Diese Beschränkungen gelten jedoch nicht für die elektrische Impedanzplethysmographie, weshalb sie ein vielversprechender Ansatz ist, um beispielsweise auch die Eigenschaften der Aorta, eine der wichtigsten Komponenten des Herz-Kreislauf-Systems, vermessen zu können.

Um in Anlehnung an bisherige klinische Messverfahren nützliche Informationen extrahieren zu können, sind oftmals hochaufgelöste Mehrkanalmessungen notwendig [111]. Die Messkanäle müssen zudem eine hohe Synchronizität zueinander aufweisen und die elektrische Sicherheit gewährleisten. Diese und die grundsätzlich mit der Bioimpedanzmessung einhergehenden Herausforderungen (siehe Kapitel 3) stellen besondere technische Anforderungen hinsichtlich einer Messsystem-Entwicklung dar. Eine dieser Schwierigkeiten ist, dass die ESIs, wie in Abschnitt 2.1.2 beschrieben, unter realistischen Messbedingungen in $k\Omega$-Bereichen liegen können, während die Bioimpedanz nur einige $10\,\Omega$ beträgt. Die eigentliche Information befindet sich jedoch in deren zeitlichen Variationen und beträgt nur einige $10\,m\Omega$. Wegen der aus Gründen der medizinischen Sicherheit begrenzten geringen Messströme, verursachen diese entsprechend geringe Spannungssignale. Das Ziel, mit mehreren Kanälen simultan am selben Körper zu messen, verursacht zusätzlich die zuvor genannten Verkopplungen von Stromquellen und die Notwendigkeit einer Kanaltrennung der Spannungssignale. Dies erschwert die Messsystem-Entwicklung zusätzlich.

In diesem Kapitel wird die Entwicklung eines Messsystems zur elektrischen Impedanzplethysmographie, im Folgenden als *Plethysmographie-Messsystem* bezeichnet, vorgestellt. Nach Festlegung der Anforderungen an das System wird sukzessiv die entwickelte Schaltungstechnik erklärt. Anschließend werden die Realisierung des Messsystems und dessen Fehlerbetrachtung behandelt. Zum Überprüfen, ob das entwickelte System unter realen Messbedingungen das angestrebte Verhalten aufweist, werden nach einer System-Charakterisierung Probandenmessungen vorgestellt. In diesem Rahmen werden zudem neue Messansätze gezeigt, die das entwickelte Plethysmographie-Messsystem ermöglicht.

4.1   Technische Anforderungen

Mit dem Messsystem soll die simultane Aufzeichnung mehrerer Pulswellen mittels Impedanzplethysmographie ermöglicht werden. Um auch andere bekannte Pulswellenmessverfahren (z. B. Brachial-Ankle PWV) nachbilden zu können, werden bis zu vier simultane Messkanäle benötigt [111]. Sollen PWV-Messungen auch zwischen geringen Messstrecken von 20 cm zu aussagekräftigen Werten mit Messabweichungen von maximal 10 % führen, so ist für eine sehr hohe Pulswellengeschwindigkeit von $PWV = 20$ m/s eine Kanalsynchronizität von $\Delta t_{\max} = 1$ ms erforderlich [101]. Bei noch höheren Geschwindigkeiten entstünden zwar größere relative Messabweichungen, diese sind für die medizinische Aussagekraft in diesen hohen Bereichen aber nicht mehr ausschlaggebend [14, 171, 185]. Das erwartete Pulswellen-Signal hat Frequenzkomponenten von bis zu $f_{\text{PW,max}} = 30$ Hz, was nach einer Demodulation zur Einhaltung des Nyquist-Shannon-Abtasttheorems, unter Annahme idealer Anti-Aliasing-Filter, Abtastraten von $f_s > 60$ Hz erfordert [106, 177]. Die erfahrungsgemäß zu erwartenden Impedanzbeträge im Bereich von $|Z_{\text{Bio,min}}| = 20\ \Omega$ bis $|Z_{\text{Bio,max}}| = 1000\ \Omega$ sollen im β-Dispersionsband bis 250 kHz gemessen werden können [153]. Zur Einhaltung der medizinischen Sicherheit sollen dabei die Messströme auf $I_{\text{M}} \leq 1,5$ mA limitiert werden. Da die maximal zulässigen Ströme frequenzabhängig sind und sich bei simultaner Verwendung mehrerer Messkanäle addieren, sollen sie stufenweise reduzierbar sein [118].

Bisherige Arbeiten haben gezeigt, dass die Messung des Betrages für die Impedanzplethysmographie hinreichend ist und durch Bestimmung der auftretenden Phasenverschiebungen keine zusätzlichen nützlichen Informationen erwartet werden [63]. Wie in Abschnitt 2.2.3 beschrieben, entsprechen die Amplituden des modulierenden Nutzsignals etwa 1 ‰ des Trägersignals [63]. Um auch die Signalform der Pulswelle abbilden zu können und unter schwierigen Messbedingungen, wie sie bei schlecht durchblutetem Gewebe zu erwarten sind, zuverlässige Messungen durchführen zu können, wird ein zehnfach geringerer Variationskoeffizient *VarK* von

$$VarK = \frac{\sigma(|Z_{Mess}|)}{|\overline{Z_{Mess}}|} \leq 100 \text{ ppm} \qquad (4.1)$$

gefordert, wobei σ der Standardabweichung und $|\overline{Z_{Mess}}|$ dem Mittelwert einer Messreihe entspricht. Dieser Wert wird in der DIN 1319-1 als relative Messunsicherheit bezeichnet [117].

Die genutzten Stromquellen müssen voneinander galvanisch getrennt werden und sollen die in Abschnitt 3.6 genannten Grenzwerte bezüglich der elektrischen Sicherheit nicht überschreiten. Während des Betriebs mehrerer Messkanäle am selben Körper sind die resultierenden Spannungsabfälle zur Kanaltrennung voneinander zu separieren. Damit sich an unterschiedlichen Messorten abgenommene Pulswellensignale nicht gegenseitig beeinflussen, sind die Signale der anderen Kanäle um jeweils mindestens 40 dB zu dämpfen. Zum Ermöglichen von Vergleichsmessungen mit in der Medizin geläufigeren Biosignalen, wie EKG, PPG oder Herztönen, sind entsprechende Messschaltungen zu implementieren.

Die Steuerung des Messsystems und die Datenauswertung sollen über einen externen PC erfolgen. Eine grafische Benutzeroberfläche soll es ermöglichen, die Konfigurationen der Messkanäle während des Betriebs vorzunehmen und die Messsignale anzuzeigen. Für eine benutzerfreundliche Darstellung sollen, analog zu herkömmlichen EKG-Geräten, die jeweils vergangenen aufgezeichneten 5 Sekunden grafisch dargestellt werden. Um bereits während der Messung Störungen von den Signalen entfernen zu können, ist ein Echtzeit-Filter zu implementieren. Zudem soll die Konfiguration der einzelnen Messkanäle vereinfacht werden, indem deren Blockschaltbilder grafisch hinterlegt sind.

Auch wenn das System im Rahmen dieser Arbeit ausschließlich in der Laborumgebung genutzt werden soll, könnte zukünftig eine Langzeit-IPG interessante Variationen der Messergebnisse aufzeigen. In Hinblick auf eine eventuelle spätere Umsetzung in Form eines tragbaren Gerätes, soll daher die Signalvorverarbeitung Probanden-nah erfolgen und die zu speichernden oder zu übertragenden Messdaten nur die Nutzinformationen enthalten.

4.2 Hardwareentwicklung

Das in diesem Abschnitt vorgestellte System wurde für die Anwendung der Impedanzplethysmographie unter Berücksichtigung der aufgestellten Anforderungen entwickelt. Nach einer Übersicht über das Messprinzip werden die Anregesignal-

Erzeugung und die Signalauswertung detaillierter erklärt. Abschließend wird auf die technische Umsetzung des Messsystems eingegangen.

4.2.1 Blockschaltbild des Gesamtsystems

Zur geforderten hochaufgelösten Aufnahme von Messdaten und deren Probanden-nahe Verarbeitung, wird das System in Anlehnung an Topologie 2 aus Abschnitt 3.3 entwickelt. Um zudem auf komplexes Zeit-Multiplexing verzichten zu können, wird das Verfahren des Frequenz-Multiplexing gemäß Abschnitt 3.7.2 zur Kanaltrennung herangezogen.

Abbildung 4.1 zeigt das Blockschaltbild des Plethysmographie-Systems, welches am Probanden (links) Bioimpedanzmessungen durchführt und den Datentausch mit dem geforderten Host PC (rechts) vornimmt. Für eine höhere Flexibilität während der Entwicklung wurden die Anregesignal-Erzeugung und die Messsignal-Auswertung voneinander getrennt. Daher sind die Stromquellen als externe Module dargestellt. Anhand dieses Ersatzschaltbildes wird im Folgenden die Entwicklung des Plethysmographie-Systems und der zugehörigen Stromquellen beschrieben.

Zur Kommunikation zwischen Host PC und Messsystem wird wegen ihrer weiten Verbreitung die Universal Serial Bus (USB) 2.0-Schnittstelle gewählt. Mittels dieser wird vor dem Beginn einer Messprozedur vom Host PC die gewünschte Messkonfiguration an das Messsystem übertragen. Um die Komplexität der systeminternen Kommunikation zu reduzieren, wird der USB-Datenstrom zunächst mittels eines integrierten Schnittstellen-Wandlers (FT2232HL von Future Technology Devices International) in einen seriellen Universal Asynchronous Receiver Transmitter (UART)-Datenstrom konvertiert. Als Symbolrate dieser seriellen Kommunikation wird die höchste von allen Komponenten unterstützte Rate von $3,75$ MBaud festgelegt. Unter Berücksichtigung von Start-, Stopp- und Paritätsbits, steht somit jedem der vier Messkanäle eine Datenrate von ca. 680 kBit/s zur Verfügung. Unter Berücksichtigung der geforderten minimalen Abtastrate von $f_s > 60$ Hz und einer realistischen ADC-Auflösung, ermöglicht diese Datenrate die Übertragung zusätzlicher Informationen. Diese können beispielsweise Hinweise über den Systemzustand sein.

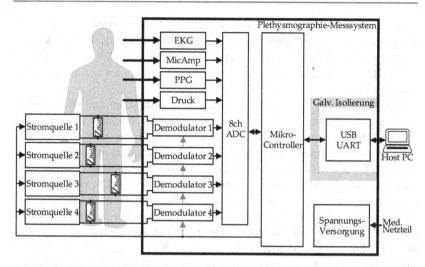

Abbildung 4.1 Blockschaltbild des entwickelten Impedanzplethysmographie-Systems zur Mehrkanalmessung

Gemäß der DIN EN 60601-1 müssen zwei Maßnahmen zum Patientenschutz (engl. Means of Patient Protection (MOPP)) vor einem elektrischen Schlag implementiert werden [118]. Dazu werden die UART-Daten über eine galvanische Trennung (ISO7721 von Texas Instruments), die den Anforderungen an diese beiden MOPP erfüllt, weitergeleitet.

Für die UART-Kommunikation mit dem Host-PC, den systeminternen Datenaustausch und eine Datenvorverarbeitung wird eine zentrale digitale Komponente benötigt. Wegen der geringen Leistungsaufnahme und der erfahrungsgemäß komfortablen Programmierung, wird dazu ein 32-Bit-Mikrocontroller (ATSAM4S16C von Microchip Technology) ausgewählt. Dieser mit einer Taktfrequenz von $f_{clk} = 120\,\text{MHz}$ arbeitende ARM Cortex-M4 Controller hat die benötigten digitalen Kommunikations-Schnittstellen bereits implementiert. Er separiert die empfangenen Konfigurationsdaten, wandelt diese in das jeweils benötigte Format um und steuert entsprechend den ADC und die Stromquellen-Module an.

Jedes der vier Stromquellen-Module wurde unter Berücksichtigung der medizinischen Sicherheit (siehe Abschnitt 3.6) so ausgelegt, dass es einen Messstrom von $I_M = 0,12...1,5\,\text{mA}$ im Frequenzbereich der β-Dispersion von $f_M = 12...250\,\text{kHz}$ in die mittels Elektroden verbundene Bioimpedanz $Z_{Bio1}...Z_{Bio4}$ leiten kann. Auf die Stromquellen wird in Abschnitt 4.2.2 näher eingegangen.

Aus den über den Bioimpedanzen entstehenden Spannungsabfällen werden in den problemspezifischen Demodulator-Blöcken die Bioimpedanz-Informationen extrahiert. Diese Blöcke werden ebenfalls vom Mikrocontroller mit den Befehlen des Host PCs konfiguriert. Die Demodulator-Blöcke werden in Abschnitt 4.2.3 detailliert beschrieben.

Um die benötigte Abtastrate der Nutzsignale einzuhalten und die geforderten maximalen Messunsicherheiten durch das Digitalisieren nicht zu überschreiten, werden die Ausgangssignale der Demodulatoren mittels eines 24-Bit-ADCs (ADS131E08 von Texas Instruments) simultan digitalisiert. Es handelt sich dabei um einen 8-Kanal-ADC nach dem Delta-Sigma-Wandlerverfahren, welcher seine hohe Auflösung durch vielfache Überabtastung erzielt [43]. Um eine möglichst hohe effektive Auflösung zu erhalten, wird der ADC mit der niedrigsten einstellbaren Ausgangs-Abtastrate von $f_s = 1000$ Hz betrieben. Der für die Dezimation notwendige, im ADC implementierte, Finite Impulse Response (FIR)-Filter vom Sinc^3-Typ hat eine Grenzfrequenz von $f_{c,ADC} = 262$ Hz. Die durch diesen Filter entstehende Dämpfung des Nutzsignals beträgt gemäß Datenblatt im Frequenzbereich bis $f_{PW,max} = 30$ Hz weniger als 0,5 % und kann somit vernachlässigt werden.

Um die geforderten zusätzlichen Biosignale ableiten zu können, werden in dem Messsystem zusätzlich eine EKG-Schaltung, ein Mikrofonverstärker, eine PPG-Schaltung und eine Schnittstelle für einen Drucksensor realisiert. Durch Verwendung der noch verfügbaren ADC-Kanäle werden ein zusätzlicher ADC und eine einhergehende Wandler-Synchronisierung vermieden. Da der Schwerpunkt dieser Arbeit auf der Bioimpedanzmessung liegt, wird auf die Umsetzungen dieser zusätzlichen Systemkomponenten nicht näher eingegangen.

Sowohl die Konfiguration des ADCs als auch die Übertragung der abgetasteten Signale an den Mikrocontroller werden über eine Serial Peripheral Interface (SPI)-Schnittstelle mit einer Taktfrequenz von 5 MHz durchgeführt.

Die vielen unterschiedlichen Komponenten des Systems erfordern eine problemspezifische Energieversorgung. Um den Probanden gemäß der Norm DIN EN 60601-1 vom Stromnetz galvanisch zu trennen, wird zur elektrischen Versorgung ein externes medizinisches Netzteil (MPU31-102 von Sinpro) mit einer Ausgangsspannung von 5 V_{DC} verwendet. Da analoge Messschaltungen sensitiv auf Versorgungsspannungs-Änderungen reagieren, wird für deren Versorgung eine Stabilisierung benötigt [21]. Zudem erfordern viele analoge Bauteile eine zusätzliche negative Betriebsspannung. Beide Anforderungen werden durch Verwendung eines Schaltreglers (LT8582 von Linear Technology) erfüllt, welcher eine stabile, bipolare ±5 V_{DC}-Versorgung zur Verfügung stellt. Dessen positive Ausgangsspannung wird auch zur Versorgung der externen Stromquellen-Module verwendet. Die digitalen Schaltungskomponenten des Systems benötigen für den Betrieb 3,3 V_{DC}. Um die auftretende Verlustleistung der Spannungswandlung gering zu halten, wird für die Konvertierung der stabilisierten 5 V_{DC} nach 3,3 V_{DC} ebenfalls ein Schaltregler (TPS63001 von Texas Instruments) genutzt. Der analoge Teil des ADCs muss mit $\pm 2,5$ V_{DC} versorgt werden. Die gemäß Datenblatt geringen auftretenden Lastströme von $I_L \approx \pm 6$ mA lassen eine sinnvolle Verwendung von Linearreglern (TPS73025, TPS72325 von Texas Instruments) zu. Deren Schaltungsaufwand ist deutlich geringer als der von Schaltreglern und es entstehen keine Störungen durch Schaltvorgänge. Aus gleichen Gründen wird die USB-UART-Schnittstelle vom USB-Anschluss des Host PCs in Verbindung mit einem eigenen linearen Spannungsregler (TPS73033 von Texas Instruments) mit 3,3 V_{DC} versorgt.

4.2.2 Stromquellen-Module

In Abbildung 4.2 ist der Aufbau der externen Stromquellen-Module in Form eines Blockschaltbildes detaillierter dargestellt. Zur Vermeidung der genannten Verkopplungseffekte wird das in Abschnitt 3.7 gezeigte Verfahren der galvanischen Trennung angewandt. Dieses benötigt keine zeitabhängige Ansteuerung von Multiplexern und umgeht die Sensitivität gegenüber Bauteiltoleranzen von symmetrischen Stromquellen.

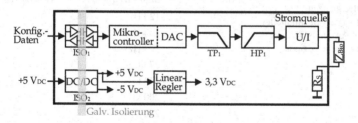

Abbildung 4.2 Blockschaltbild der Stromquellen-Module

Um nur eine geringe Anzahl an Mikrocontroller-Anschlüssen des Plethysmographie-Messsystems für die Kommunikation mit den Stromquellen verwenden zu müssen, wird ein gemeinsamer Daten-Bus genutzt. Da die Kommunikation nur unidirektional vom Messsystem hin zu den Stromquellen-Modulen verläuft und hinsichtlich der erforderlichen Übertragungsrate niedrig ausgelegt werden kann, wurde eine entsprechend einfache Schnittstelle entwickelt. Mittels dieser werden die Kon-

figurationsdaten über zwei gemeinsam genutzte Signalleitungen an alle Module
mit einer Symbolrate von 1 kBaud gesendet. Wegen des geringeren Bedarfs an
externer Beschaltung gegenüber Optokopplern, werden für die erforderliche galvanisch getrennte Übertragung dieser Signale digitale Isolator-Bauelemente ISO_1
(ISO7220 von Texas Instruments) verwendet. Die so übermittelten Daten beinhalten
die Adresse des angesprochenen Moduls, den gewünschten Ausgangsstrom sowie
dessen Frequenz.

Um die Auswertung dieser Daten, die Bestimmung der erforderlichen Abtastwerte und deren Digital-Analog-Wandlung mit möglichst wenigen Komponenten
zu realisieren, wird ein Mikrocontroller (ATSAM4S2BA von Microchip Technology) mit internem 12-Bit-Digital-to-Analog Converter (DAC) verwendet. Dieser
Controller gehört der gleichen Bauteilserie an wie der des Messsystems und wird
somit ebenfalls mit $f_{clk} = 120$ MHz getaktet. Die Abtastrate $f_s = 1$ MHz seines
internen DACs ist hinreichend hoch, um das Abtasttheorem bei Ausgabe der geforderten Signalfrequenzen einzuhalten. Die zu synthetisierenden Signalfrequenzen
können in der angestrebten Anwendung festgelegt werden und müssen während
des Betriebs nicht unvorhersehbar verändert werden. Dadurch ist ein Hinterlegen
der Abtastwerte im Speicher in Form einer Wertetabelle möglich. Diese beinhaltet
die Abtastwerte jeweils einer Sinusperiode für unterschiedliche Signalfrequenzen.
Konfiguriert sind die Frequenzen in Tabelle 4.1.

	Nr.	Signalfrequenz	Abtastwerte/Periode
Tabelle 4.1 Definierte Signalfrequenzen (gerundet) der Stromquellen und die Anzahl benötigter Abtastwerte je Periode	1	12 kHz	83
	2	30 kHz	33
	3	50 kHz	20
	4	77 kHz	13
	5	143 kHz	7
	6	200 kHz	5
	7	250 kHz	4

Diese vordefinierten Werte sind so ausgewählt, dass die im folgenden
Abschnitt 4.2.3 begründeten Frequenzen erzeugt werden können und zusätzlich
besonders häufig in der Literatur genutzte Frequenzen für Vergleichszwecke verwendet werden können [10, 62, 92, 146]. Würden in der Wertetabelle jeweils mehrere Signalperioden hinterlegt, wären auch Frequenzen erzeugbar, die nicht ganz-
zahlige Teiler der Abtastfrequenz sind. Der Digital-Analog-Wandler hat einen Aus-

gangsspannungsbereich von $(\frac{1}{6}...\frac{5}{6}) \cdot U_{DAC,Ref.}$, was bei der genutzten Referenzspannung von $U_{DAC,Ref.} = 3{,}3$ V einem Bereich von $0{,}55$ V...$2{,}75$ V entspricht. Zur Rekonstruktion des harmonischen Signals aus dem abgetasteten Sinus wird der analoge Tiefpassfilter TP_1 implementiert. Um den genutzten Signalfrequenzbereich möglichst wenig zu beeinflussen, wird die Grenzfrequenz mit $f_c = 400$ kHz dicht an die halbe Abtastrate $\frac{f_s}{2} = 500$ kHz dimensioniert. Da bei Verwendung der obersten Signalfrequenz von 250 kHz die erste durch Aliasing auftretende Signalkomponente bereits bei 750 kHz entsteht, wird ein Filter vierter Ordnung eingesetzt. Der tatsächliche Einfluss von Aliasing, bezogen auf die gesamte Stromquellenschaltung, wird im späteren Abschnitt 4.5 näher betrachtet. Um einen möglichst konstanten Amplitudengang im Durchlass-Frequenzbereich dieses Filters zu erreichen, wird dieser als Butterworth-Filter realisiert [167]. Die Wahl der Multiple-Feedback-Topologie unter Verwendung zweier Operationsverstärker (OPV) (LMH6646 von Texas Instruments) mit hinreichender Bandbreite und Spannungsanstiegsrate (engl. slew rate) ermöglicht eine Umsetzung mit wenig passiven Bauteilen, ohne auf eine optionale Verstärkung verzichten zu müssen [21].

Anschließend muss der vom unipolaren DAC verursachte Gleichanteil des Signals entfernt werden. Dazu ist ein passiver Hochpassfilter (HP_1) erster Ordnung hinreichend. Um lange Einschwingvorgänge zu vermeiden und gleichzeitig den Einfluss auf die Nutzsignale vernachlässigen zu können, wird eine Grenzfrequenz von $f_c = 200$ Hz gewählt. Anschließend befindet sich das Spannungssignal im Bereich von $\pm\frac{1}{3} \cdot U_{DAC,Ref.}$.

Zur Wandlung der Wechselspannung in einen Wechselstrom mit konstanter Amplitude wird eine spannungsgesteuerte Stromquelle (U/I) implementiert. Die gewählte Schaltungsumsetzung hat sich in anderen Arbeiten für vergleichbare Anwendungen als günstig erwiesen und ist in Abbildung 4.3 gezeigt [63]. Es ist zu sehen, dass anstatt ausschließlich der Bioimpedanz nun die gesamte Lastimpedanz Z_L inklusive der ESIs berücksichtigt wird. Aus Gründen der elektrischen Sicherheit wird ein unerwünschter Gleichstrom in den Körper vermieden, indem der Kondensator C_1 in Reihe zur Last implementiert wird.

Beim IC_1 handelt es sich um einen Differenzverstärker (AD8130 von Texas Instruments), dessen Ausgangsspannung im Falle einer Gegenkopplung an den Feedback-Anschluss

$$U_{Out} = U_{In+} - U_{In-} + U_{Ref} \tag{4.2}$$

beträgt. Werden U_{Out} und U_{Ref} als Produkte aus Strom und Impedanz dargestellt, so lässt sich Gleichung 4.2 auch als

$$I_M \cdot (R_1 + Z_{C1} + Z_L + R_s) = U_{In+} - U_{In-} + I_M \cdot (Z_{C1} + Z_L + R_s) \quad (4.3)$$

Abbildung 4.3 Schaltplan
der spannungsgesteuerten
Stromquelle

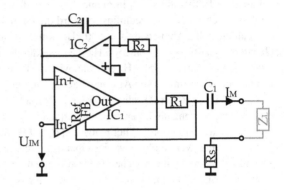

schreiben, woraus folgt

$$I_M = \frac{U_{In+} - U_{In-}}{R1}. \quad (4.4)$$

Im Idealfall beinhaltet die Ausgangsspannung von IC_1 keinen Gleichspannungsanteil. Daher ist auch die Ausgangsspannung der rückgekoppelten Integriererschaltung, welche mittels des Operationsverstärkers IC_2 (OPA2134 von Texas Instruments) realisiert ist, null. In diesem Fall ist die Übertragungsfunktion der spannungsgesteuerten Stromquelle

$$I_M = -\frac{U_{IM}}{R1}. \quad (4.5)$$

Entstehen am Ausgang von IC_1 jedoch Gleichspannungsanteile, beispielsweise durch Offsetspannungen an dessen Eingängen, werden diese von der Integriererschaltung gemäß

$$u_{In+}(t) = -\frac{1}{R_2 C_2} \cdot \int_0^t u_{out}(t)dt + u_{In+}(t = 0) \quad (4.6)$$

an den positiven Verstärkereingang zurückgeführt und somit eliminiert. Um den Einfluss des Integrierers auf die Signalfrequenzen in kHz-Bereichen vernachlässigen zu können, wird dessen Zeitkonstante zu $\tau = R_2 C_2 = 1$ s gewählt.

Zum Ausnutzen eines hohen Ausgangsspannungsbereiches des DACs und zur Einhaltung der Anforderung bezüglich des Messstromes wird der Verstärkungswiderstand zu $R_1 = 374\ \Omega$ gewählt. Dies führt zu einem Ausgangsstrombereich von

$$\hat{i}_{M,max} = \frac{1}{3} \cdot \frac{U_{DAC,Ref.}}{R_1} \approx 2,94\ mA, \tag{4.7}$$

was einem Effektivwert von $I_{M,max} = \hat{i}_{M,max}/\sqrt{2} \approx 2,08\ mA$ entspricht. Damit liegt der theoretisch maximal erzeugbare Strom etwa 40 % oberhalb der Anforderung. Die tatsächlich ausgegebene Stromstärke kann mittels des Mikrocontrollers bzw. dessen DAC konfiguriert werden. Damit die Spannungsmessung über dem Shuntwiderstand R_S zur Strombestimmung unter ähnlichen Bedingungen stattfindet wie die Messung über der Bioimpedanz, wird $R_S = 69,8\ \Omega$ wählt.

Versorgt werden die externen Stromquellen-Module von der $+5\ V_{DC}$-Versorgung des Plethysmographie-Systems. Um die Energieversorgung galvanisch zu trennen und gleichzeitig eine stabile bipolare Spannungsversorgung zu realisieren, wird der isolierende Schaltregler ISO_2 (MTU2D0505MC von Murata) verwendet. Dessen $\pm 5\ V_{DC}$-Ausgangsspannungen werden zur Versorgung der analogen Bauteile verwendet. Zur Erzeugung der $3,3\ V_{DC}$-Versorgung des Mikrocontrollers und der Modul-internen Seite des digitalen Isolators ISO_1 wird wegen der geringen Lastströme ein Linearregler (TPS73033 von Texas Instruments) verwendet.

4.2.3 Demodulator

Der Demodulator-Block dient der Extraktion des Nutzsignals aus dem Spannungsabfall über der gemessenen Impedanz. Abbildung 4.4 zeigt das zugehörige Blockschaltbild dieses Schaltungsabschnitts.

Vorangegangene Experimente haben gezeigt, dass der Ausgangsstrom der Stromquellen-Module auch unter typischen Laständerungen während einer Messung hinreichend stabil ist, um ihn nicht kontinuierlich überprüfen zu müssen. Da sich zudem sehr niederfrequente Drifteffekte nicht auf die gemessene Pulswellen-Signalform auswirken, wurde entschieden, dass es in dieser Anwendung hinreichend ist, den Messstrom ausschließlich zu Beginn oder am Ende einer Messung zu bestimmen. Aus diesem Grund wird nur ein Demodulator zur Messung der Spannungsabfälle über der Bioimpedanz Z_{Bio} und dem Shuntwiderstand R_S benötigt. Zum Umschalten zwischen diesen beiden Informationsquellen wird der Multiplexer MUX_1 verwendet. Wie in Abschnitt 3.5 beschrieben, entstehen bei der Bioimpedanzmessung wegen der hohen ESIs entsprechend hohe Gleichtakt-Signalanteile. Es ist daher zu beachten, dass analog zum EMG (siehe Abschnitt 2.3.2), die ungünstige Kombination aus ESIs und Gleichtakt-Eingangsimpedanzen des Multiplexers dazu führen können, dass aus Gleichtaktspannungen Differenzspannungen entstehen. Da sich die Durchlasswiderstände des Multiplexers in Serie zu den .ESIs befinden, ist auch deren Symmetrie von Bedeutung. Der ausgewählte Multiplexer (ADG1236 von Analog Devices) weist wegen dessen besonders geringen Gleichtakt-Eingangskapazitäten auch bei hohen Messfrequenzen Eingangsimpedanzen auf, die um Zehnerpotenzen höher sind als typische ESI-Werte. Zudem befinden sich die Abweichungen der Durchlasswiderstände untereinander mit ca. 5 Ω in vernachlässigbaren Bereichen.

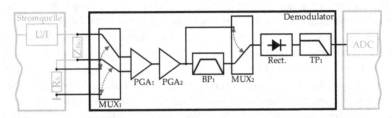

Abbildung 4.4 Blockschaltbild des Demodulator-Blocks des Plethysmographie-Messsystems

Gemäß der Anforderungen kann die maximal anzunehmende Differenzspannungs-Amplitude über der Bioimpedanz $\hat{u}_{Z\mathrm{Bio,max}} = \sqrt{2} \cdot \max(I_\mathrm{M}) \cdot |Z_{\mathrm{Bio,max}}| \approx$ 2,1 V betragen und liegt damit im mittleren Bereich der Versorgungsspannung. Wird stattdessen $|Z_{\mathrm{Bio,min}}|$ eingesetzt, so beträgt sie nur $\hat{u}_{Z\mathrm{Bio,min}} \approx 42$ mV. Unter Verwendung geringerer Messströme ist die Spannungsamplitude entsprechend noch geringer. Die später beschriebene Gleichrichterschaltung beruht jedoch auf der zeitlichen Detektion von Nulldurchgängen, welche mit zunehmender Signalamplitude zuverlässiger wird. Sie ist ausgelegt für Signalamplituden im Bereich von $\hat{u} = 0,1...4$ V. Somit müssen die abgeleiteten Spannungen zunächst, den jeweils geltenden Messbedingungen entsprechend, verstärkt werden. Um während einer Messung diese Verstärkung flexibel einstellen zu können, ist die Verwendung eines programmierbaren Verstärkers sinnvoll. Da es sich bei dem über der Impedanz abgenommenen Signal um eine Differenzspannung handelt, muss diese für die weitere analoge Signalverarbeitung zu einem einpoligen Signal mit Schaltungsmasse-Bezug konvertiert werden. Aus gleichem Grund wie beim zuvor beschriebenen Multiplexer sind auch hier besonders hohe Gleichtakt-Eingangsimpedanzen erforderlich.

Passende Eigenschaften besitzt der Programmable Gain Amplifier (PGA) AD8250 von Analog Devices. Durch eine Kaskadierung von zwei Verstärkerstufen (PGA_1, PGA_2) mit jeweils auswählbaren Verstärkungsfaktoren von {G=1; 2; 5; 10} können so Gesamtverstärkungen von G_{gesamt} = 1...100 konfiguriert werden.

Zur Kanaltrennung mittels Frequenz-Multiplexing wird jedem der vier Demodulatorkanäle ein optional nutzbarer individueller Bandpassfilter BP_1 zur Verfügung gestellt, welcher die Messfrequenzen der anderen Kanäle gemäß der Anforderungen um mindestens 40 dB dämpfen soll. Um dies unter Verwendung gleicher bzw. ähnlicher Filtertypen und -Ordnungen zu erreichen, müssen die Durchlassbereiche der Filter in logarithmischer Darstellung möglichst weit voneinander auseinander liegen. Somit sind auch die Messfrequenzen f_x

$$f_x = f_{min} \cdot 10^{\frac{x-1}{3} \cdot log_{10}\left(\frac{f_{max}}{f_{min}}\right)}, x \in \{1, 2, 3, 4\} \quad (4.8)$$

in dem von den Stromquellen zur Verfügung gestellten Frequenzbereich zwischen 12 kHz...250 kHz mit f_{min} = 12 kHz und f_{max} = 250 kHz logarithmisch äquidistant gewählt. Die resultierenden idealen Messfrequenzen für die vier Kanäle sind somit f_1 = 12 kHz, $f_2 \approx$ 33 kHz, $f_3 \approx$ 91 kHz und f_4 = 250 kHz. Diese Frequenzen werden den nächstgelegenen Frequenzwerten angepasst, die von den Stromquellen-Modulen abgebildet werden können. Somit werden als Frequenzen f_1 = 12 kHz, f_2 = 30 kHz, f_3 = 77 kHz und f_4 = 250 kHz genutzt. Diese sind jeweils als senkrechte gestrichelte Linie in Abbildung 4.5 eingezeichnet. Die zugehörigen Filter zur Kanalseparation wurden so dimensioniert, dass unter Verwendung ähnlicher Schaltungstopologien die unerwünschten Frequenzanteile um jeweils mindestens 50 dB gedämpft werden. Die Charakteristika der Filter sind in

Abbildung 4.5 Simulierte Amplitudengänge der Filter zur Kanalseparation. Zusätzlich sind die zugehörigen Signalfrequenzen als gestrichelte Linien markiert

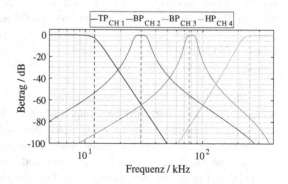

Tabelle 4.2 zusammengefasst und deren zugehörigen simulierten Amplitudengänge sind ebenfalls in Abbildung 4.5 geplottet.

Tabelle 4.2 Charakteristika der Filter zur Kanalseparation

Kanal	Art	Ord.	f_c	Typ	Topologie
1	Tiefpass	8	12 kHz	Butterworth	Mult. Feedback
2	Bandpass	6	26 kHz/34 kHz	Butterworth	Mult. Feedback
3	Bandpass	6	73 kHz/89 kHz	Butterworth	Mult. Feedback
4	Hochpass	8	220 kHz	Butterworth	Mult. Feedback

Es ist zu sehen, dass der Filter BP_1 aus dem Blockschaltbild nicht in allen Fällen als Bandpass umgesetzt wird, sondern dass die Messkanäle 1 und 4 stattdessen einen Tiefpass- bzw. Hochpassfilter nutzen. Bei den Kanälen 1 und 3 erkennt man, dass die Lage der Durchlassbereiche leicht verschoben gegenüber den Nutzsignalen liegen, was durch die Bauteilwahl der analogen Filter verursacht wird. Die daraus folgenden geringen Dämpfungen der Nutzsignale werden, wie in Abschnitt 4.4 gezeigt wird, durch Kalibrierung und anschließende Justierung aufgehoben. Wegen der für analoge Filter in diesem Frequenzbereich günstigen elektrischen Eigenschaften des OPVs OPA2727 von Texas Instruments und vorangegangener positiver Erfahrungen, wird dieser für die Implementierung herangezogen.

Der nächste Verarbeitungsschritt im Blockschaltbild ist die Gleichrichtung (*Rect.*). Als Eingangssignal kann zwischen dem Ausgang der zuvor beschriebenen Filterung und dem ungefilterten Signal mittels des Multiplexers MUX_2 gewählt werden. Da an dessen Eingängen niederohmige Spannungsquellen angeschlossen sind, ist die Eingangskapazität auf den Ausgang nicht wirksam. Jedoch wirkt sich der Durchgangswiderstand auf die folgende Gleichrichterschaltung aus und muss daher vielfach geringer sein als deren Eingangsimpedanz. Die Wahl des Bauteils TS12A12511 von Texas Instruments mit einem Durchlasswiderstand von $R_{MUX2} \approx 5\ \Omega$ vermeidet somit unnötige Hindernisse bei der Entwicklung der folgenden Gleichrichterschaltung.

Da die Zeitpunkte der Signal-Nulldurchgänge von der unbekannten Phasenverschiebung und deren zeitlichen Änderungen abhängen, kann nicht die Kenntnis des korrespondierenden Stromsignals zum geschalteten Gleichrichten genutzt werden. Stattdessen werden die Nulldurchgänge mittels analoger Elektronik detektiert und entsprechend das Ausgangssignal aus positiven Halbwellen und invertierten negativen Halbwellen additiv zusammengesetzt. Eine gängige Schaltung ist der Präzisionsgleichrichter, welcher im Rückkopplungszweig eine Diode aufweist. Da aber während die Diode sperrt keine Gegenkopplung mehr in der Schaltung existiert, neigt sie zum Schwingen [167]. Ein weiteres Problem ist, dass diese Schaltung wegen der realen Bauteil-Charakteristiken und -Toleranzen für Signale mit hohen Frequenzen und niedrigen Amplituden erfahrungsgemäß zu starken Beeinflussungen der Signalform führt. Da derartigen Signale jedoch in der Anwendung erwartet werden und keine Standardlösung bekannt ist, wird die Entwicklung einer neuen problemspezifischen Gleichrichter-Schaltung vorgestellt.

Diese Schaltung, welche in Abbildung 4.6 dargestellt ist, besteht aus mehreren Stufen und kann wegen ihrer Topologie ohne Rückkopplungen nicht schwingen. Das Grundprinzip ist, die vorhandenen positiven Halbwellen $u_{\text{HW}+}(t)$ des Signals durch Schalten zeitlich zu extrahieren und am Ausgang auszugeben. Hinzuaddiert werden in den zwischenliegenden Zeiträumen die entsprechenden Zeitabschnitte des invertierten Eingangssignals $u_{\text{HW}-}(t)$. Die beiden zu addierenden Teilsignale entsprechen somit den Signalen zweier komplementärer Halbweg-Gleichrichter mit den als Fourier-Reihen dargestellten Spannungssignalen

$$u_{\text{HW}+}(t) = \frac{\hat{u}_{\text{Rect.,E}}}{\pi} + \frac{\hat{u}_{\text{Rect.,E}}}{2} \cdot \sin(\omega t) - \frac{2 \cdot \hat{u}_{\text{Rect.,E}}}{\pi} \cdot \left(\frac{1}{3} \cdot \cos(2\omega t) + \frac{1}{15} \cdot \cos(4\omega t) + \dots \right)$$

(4.9)

$$u_{\text{HW}-}(t) = \frac{\hat{u}_{\text{Rect.,E}}}{\pi} - \frac{\hat{u}_{\text{Rect.,E}}}{2} \cdot \sin(\omega t) - \frac{2 \cdot \hat{u}_{\text{Rect.,E}}}{\pi} \cdot \left(\frac{1}{3} \cdot \cos(2\omega t) + \frac{1}{15} \cdot \cos(4\omega t) + \dots \right).$$

(4.10)

Nach der Addition der Signalanteile bleiben im Idealfall nur der interessante Gleichanteil und Frequenzanteile $\geq 2\omega$ im Signal enthalten. Diese können durch anschließende Tiefpassfilterung gut gedämpft werden. Sind die beiden Halbweggleichrichter jedoch nicht identisch umgesetzt, heben sich die Komponenten bei der Trägerkreisfrequenz ω nicht auf und es entsteht ein weiterer Signalanteil, dessen Dämpfung einen erhöhten Schaltungsaufwand erfordern würde. Die Realisierung der hohen Anforderungen an das schnelle, möglichst verzögerungsfreie, Schalten und eine minimale Signalbeeinflussung erfordert mehrere auf das Messproblem angepasste Signalverarbeitungsschritte.

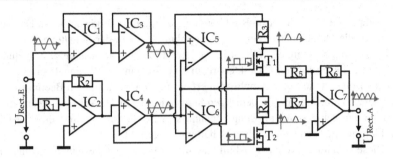

Abbildung 4.6 Entwickelte Gleichrichterschaltung für hochfrequente Signale mit geringen Spannungsamplituden

Zunächst wird in der gezeigten Gleichrichterschaltung aus dem Eingangssignal $U_{\text{Rect.,E}}$ mittels IC_2 dessen Invertierte gebildet. Damit mit dieser Schaltung eine Verstärkung von

$$A_{\text{Inv}} = -\frac{R_2 \cdot A_{\text{OL}}}{R_1 \left(A_{\text{OL}} + 1\right) + R_2} = -\frac{1}{1 + 2/A_{\text{OL}}} \approx -1 \qquad (4.11)$$

zutreffend ist, wobei A_{OL} der Leerlaufverstärkung des Operationsverstärkers entspricht, müssen dessen Eingangsimpedanzen deutlich größer sein als die gewählten Widerstände $R_1 = R_2$. Der Eingangsstrom $I_{\text{B-}}$ am invertierenden Eingang von IC_2 führt zu einer Offsetspannung von $U_{\text{IC}_2,\text{Out,Offset}} = R_2 I_{\text{B-}}$ am Bauteilausgang. Ist diese nicht vernachlässigbar gering gegenüber $\hat{u}_{\text{Rect.,E}}$, so beeinflusst sie die Schaltzeitpunkte der späteren Komparatoren und hebt eines der Halbwellensignale an. Daher muss $I_{\text{B-}} \ll \hat{u}_{\text{Rect.,E}}/R_2$ gelten. Da gemäß Gleichung 4.11 für $A_{\text{OL}} \to \infty$

$$A_{\text{Inv}} = -\frac{R_2}{R_1} \qquad (4.12)$$

gilt, beträgt der durch die Bauteiltoleranzen ΔR_{rel} der Widerstände maximal verursachte Verstärkungsfehler

$$\Delta A_{\text{Inv,max}} = \left|\frac{\delta A_{\text{Inv}}}{\delta R_2} \cdot R_2 \cdot \Delta R_{\text{rel}}\right| + \left|\frac{\delta A_{\text{Inv}}}{\delta R_1} \cdot R_1 \cdot \Delta R_{\text{rel}}\right|, \qquad (4.13)$$

was wegen $R_1 = R_2$ zu $\Delta A_{\text{Inv,max}} = 2 \cdot \Delta R_{\text{rel}}$ führt. Um diesen Fehler unterhalb von 1 % zu begrenzen, werden daher Widerstände mit Toleranzen von 0,1 % ausgewählt. Bauteilwerte von $R_1 = R_2 = 20\,\text{k}\Omega$ halten die genannten Auswirkungen gering und begrenzen zudem die benötigten Schaltungsströme auf bewährte Erfahrungswerte. Zur Einhaltung der aufgeführten Anforderungen, wird der Optionsverstärker OPA2727 von Texas Instruments genutzt. Dessen Leerlaufverstärkung ist auch bei einer Frequenz von $f = 250\,\text{kHz}$ noch hinreichend hoch, damit der maximale Verstärkungsfehler in Anlehnung an Gleichung 4.11 und unter Einbezug der Widerstandstoleranzen unterhalb von 2,5 % liegt. Damit sich Bauteil-individuelle Phasenverschiebungen gleichermaßen auf den positiven und den negativen Signalpfad auswirken, durchläuft das Eingangssignal $U_{\text{Rect.,E}}$ auch einen Impedanzwandler, dessen OPV IC_1 auf demselben Chip realisiert ist, wie IC_2.

Durch die Transistorschaltungen (T_1, T_2) und die Addiererschaltung (IC_7) werden im weiteren Verlauf Lastströme im Signalpfad verursacht. Diese müssen von den verwendeten OPVs ausgegeben werden und fließen somit auch durch deren Ausgangswiderstände R_{Out}. Der entstehende Spannungsteiler, bestehend aus R_{out} und der Lastimpedanz, verfälscht entsprechend die Ausgangsspannung über der Last. Da die betreffenden OPVs jedoch gegengekoppelt sind, werden die Spannungsabfälle über den Ausgangswiderständen an die negativen OPV-Eingänge zurückgeführt, wodurch der Einfluss auf die Ausgangsspannung reduziert wird. Die so effektiv wirkenden Ausgangswiderstände $R_{\text{Out,eff}}$ verringern sich für eine Impedanzwandlerschaltung (IC_1) und einen invertierenden Verstärker ($G = -1$, IC_2) gemäß

$$R_{\text{Out,eff,Imp.W.}}(A_{\text{OL}}) = \frac{R_{\text{Out}}}{1 + A_{\text{OL}}} \quad \text{bzw.} \quad R_{\text{Out,eff,Inv.}}(A_{\text{OL}}) = \frac{R_{\text{Out}}}{1 + \frac{A_{\text{OL}}}{2}}.$$

(4.14)

Eine Kombination aus niedrigem R_{Out} und hoher Leerlaufverstärkung A_{OL} führt zu sehr geringen effektiven Ausgangswiderständen. Die Leerlaufverstärkung eines OPVs ist jedoch frequenzabhängig. Schnelle Änderungen des Laststromes, wie sie durch das Schalten von T_1 und T_2 zu erwarten sind, können daher A_{OL} stark reduzieren, was einen Anstieg von $R_{\text{Out,eff}}$ gegen R_{Out} zur Folge hätte. Unter der vereinfachten Annahme, dass das Schalten der Last um den Faktor 100 höhere Frequenzen verursacht als die der Nutzsignale, sind an dieser Stelle Frequenzen von $\approx 20\,\text{MHz}$ zu berücksichtigen. Da IC_1 und IC_2 jeweils einen Ausgangswiderstand von $R_{\text{Out}} = 40\,\Omega$ haben und ein Verstärkung-Bandbreite-Produkt (engl. Gain Bandwidth Product (GBP)) von nur 20 MHz aufweisen ($A_{\text{OL}}(f = 20\,\text{MHz}) = 1$), entstünden in diesem Fall effektiv wirkenden Ausgangswiderstände von $R_{\text{Out,eff,Imp.W.}}(f = 20\,\text{MHz}) = 20\,\Omega$ bzw. $R_{\text{Out,eff,Inv.}}(f = 20\,\text{MHz}) \approx 27\,\Omega$. Sie befänden sich damit in der Größenordnung der Last. Zudem würden sie sich gemäß Gleichung 4.14 asymmetrisch auf die beiden Signalpfade auswirken. Um dies zu verhindern und da der OPA2727 die auftretenden hohen Ströme nicht liefern kann, werden die Ausgangsspannungen von IC_1 und IC_2 durch zusätzliche Impedanzwandler (IC_3, IC_4) von der Last entkoppelt. Die dazu ausgewählten Operationsverstärker (LMH6628 von Texas Instruments) haben, unter Berücksichtigung der vorherigen Annahmen, effektive Ausgangswiderstände von nur $R_{Out,eff}$ ($f = 20$ MHz) $\approx 2\ \Omega$. Diese Verstärker befinden sich ebenfalls auf einem gemeinsamen Chip und weisen somit nahezu die gleichen Fertigungsabweichungen und Temperaturen auf.

Für die Erzeugung der Rechtecksignale zum Schalten der nachfolgenden Transistoren werden mittels IC_5 und IC_6 (OPA2690 von Texas Instruments) zwei komplementäre Komparatoren umgesetzt, die den positiven Signalpfad mit dem negativen vergleichen. Bei jedem Nulldurchgang wechseln somit schlagartig deren Ausgangssignale. Da mit diesen Signalen schnellstmöglich die Gate-Source-Kapazitäten der Transistoren umgeladen werden müssen, wurden diese Bauteile mit niedrigen Ausgangswiderständen und sehr hohen maximalen Ausgangsströmen von 190 mA gewählt. Die ebenfalls sehr hohe Slew Rate von 1800 $\frac{V}{\mu s}$ sorgt dafür, dass möglichst schnell eine hinreichende Gate-Source-Spannung zum Schalten der Transistoren anliegt. Aus den bereits genannten Gründen befinden sich auch IC_5 und IC_6 auf einem gemeinsamen Halbleiter.

Die N-Kanal Metall-Oxid-Halbleiter-Feldeffekttransistoren (engl. Metal-Oxide-Semiconductor Field-Effect Transistor (MOSFET)) T_1 und T_2 schalten die Nutzsignale und müssen daher besonders schnell zwischen Isolator- und niederohmigem Leiterverhalten wechseln können. Der dafür ausgewählte Transistor (PMDT290UNE von Nexperia) besitzt eine niedrige Gate-Source-Ladung von $Q_{GS} = 150$ pC, was bei einer Spannung von 5 V einer Eingangskapazität von $C_{in} = 30$ pF entspricht. Die Ein- und Ausschaltverzögerungen des Transistors betragen $t_{d,on} = 6$ ns bzw. $t_{d,off} = 86$ ns. Mittels der niedrigen Source-Drain-Widerstände von $R_{DS,on} <$ 500 mΩ im leitfähigen Zustand und deren Stabilität gegenüber Änderungen des Drainstroms werden niederohmige Masseverbindungen ermöglicht und so unerwünschte Signalanteile verhindert. Da sich die Widerstände $R_3 = R_4 = 100\ \Omega$ an den im nicht-leitenden Zustand der Transistoren in Reihe zu den Widerständen der Addiererschaltung befinden und somit die Amplituden der positiven und negativen Signalanteile beeinflussen, wurden Komponenten mit Toleranzen von 0,1 % gewählt. Die beiden Halbweg-gleichgerichteten Signale werden von der Addiererschaltung, umgesetzt mit IC_7 (LMH6628) und $R_5...R_7$, zusammengefügt.

Der letzte Signalverarbeitungsschritt des Demodulators ist die Tiefpassfilterung. Bei TP_1 in Abbildung 4.4 handelt es sich um einen Butterworth-Tiefpass 6. Ordnung mit einer Grenzfrequenz von $f_c = 1$ kHz, realisiert mit drei Operationsverstärkern

(LMV844 von Texas Instruments). Dadurch wird die erste auftretende Störfrequenz bei 2ω im Falle der niedrigsten Trägerfrequenz von 12 kHz um > 160 dB gedämpft und ist somit praktisch vor der Digitalisierung entfernt.

4.2.4 Realisierung

Zur Realisierung des Plethysmographie-Messsystems wurde die elektronische Schaltung in ein vierlagiges Platinenlayout überführt. Anschließend wurde die gefertigte Leiterplatte mit einer Größe von ca. 161 × 97 mm^2 mit den benötigten 650 Bauteilen bestückt. In Abbildung 4.7 ist die bestückte Platine, unterteilt in ihre Baugruppen, dargestellt. Der Abstand von 8 mm zwischen der USB-UART-Schnittstelle und den anderen Baugruppen dient der Umsetzung der galvanischen Trennung, wie sie in der DIN EN 60601-1 gefordert ist [118].

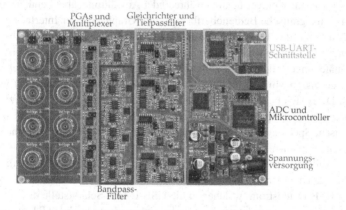

Abbildung 4.7 Bestückte Leiterplatte des Plethysmographie-Messsystems

Ein Foto eines der vier externen Stromquellen-Module ist in Abbildung 4.8 gezeigt. Die Maße der ebenfalls vierlagigen Platine sind ca. 125 × 23 mm^2 und es sind 92 Bauteile bestückt.

Abbildung 4.8 Bestückte
Leiterplatte eines der vier
externen
Stromquellen-Module

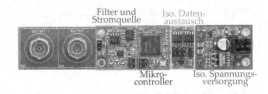

4.3 Softwareentwicklung

Wie in den Anforderungen beschrieben, sollen die Steuerung des Messsystems und die Datenauswertung über einen externen PC erfolgen. Somit beginnt der Informationsfluss mit einer Nutzeranwendung. Um möglichst flexibel mit dem System arbeiten zu können, wurde ein MATLAB (von The MathWorks) Skript zur Kommunikation entwickelt. Weniger flexibel während der Ausführung, aber benutzerfreundlicher, ist eine grafische Bedienoberfläche (engl. Graphical User Interface (GUI)). Daher soll gemäß der Anforderungen eine GUI entwickelt werden, mit welcher während einer Messung sowohl die Stromquellen konfiguriert als auch die PGAs aller Messkanäle eingestellt werden können. Des Weiteren sollen die im Blockschaltbild 4.4 gezeigten Multiplexer angesteuert und die Messsignale angezeigt werden können. Da es sich bei C# um eine weit verbreitete Programmiersprache zur Entwicklung von Desktopanwendungen handelt, welche hilfreiche Elemente wie die automatische Speicherverwaltung bietet, wird die grafische Nutzeroberfläche in dieser Sprache implementiert.

Die jeweils verwendete Software sendet, wie in Abbildung 4.9 gezeigt, die Konfigurationsdaten an eine virtuelle serielle Schnittstelle. Diese konvertiert die Daten in einen USB-Datenstrom, welcher an die USB-UART-Schnittstelle des eingebetteten Messsystems gesendet wird. Nach der Umwandlung nach UART werden die Daten an den Mikrocontroller geleitet, dessen Firmware in C programmiert ist, wo sie ausgewertet werden. Handelt es sich um Konfigurations-Informationen für die Stromquellen-Module, so werden diese mittels einer entwickelten Schnittstelle weitergeleitet, die in Abschnitt 4.3.1 näher beschrieben wird. Der Informationsaustausch mit dem ADC beinhaltet das Senden von Konfigurationsdaten und den Empfang von Messdaten und geschieht über eine SPI-Schnittstelle. Die Multiplexer und PGAs werden direkt über digitale Signalleitungen, gemäß der empfangenen Informationen, angesteuert. Der Messdatenstrom vom ADC wird auf dem selben Wege zur Nutzerschnittstelle des PCs zurückgeführt.

Abbildung 4.9 Prinzip des Datenaustauschs zwischen den Systemkomponenten

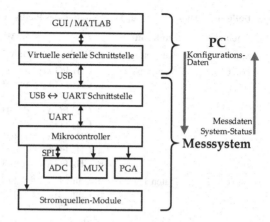

4.3.1 Datenschnittstellen

Insbesondere während der Systementwicklung sind benutzerfreundliche („human-readable") Datenformate zwar weniger effizient, aber hilfreich. Daher geschieht der Datenaustausch zwischen PC und Mikrocontroller des Messsystems mittels definierter Zeichenketten. So kann das System alternativ auch leicht über ein Terminalprogramm, wie beispielsweise PuTTY[1], angesprochen werden. Zum Konfigurieren der PGAs, der Multiplexer und der Stromquellen-Module werden fünf Zeichen `konf[0...4]` des Datentyps Char nach dem Schema in Tabelle 4.3 an das Messsystem gesendet.

Der entgegengesetzte Datenstrom vom Messsystem zum PC basiert ebenfalls auf der seriellen Schnittstelle. Übertragen werden die ADC-Datenpunkte zzgl. eines ADC-Statuswertes, welcher Informationen bezüglich dessen Konfiguration und gegebenenfalls Fehlfunktion beinhaltet. Die neun Werte werden mit Semikolons als Trennzeichen in einer Zeichenkette der Form „`ADC-Status;ADC_CH1;ADC_CH2;...;ADC_CH8`" kombiniert.

Der Datenstrom vom Mikrocontroller des Messsystems zu den externen Stromquellen-Modulen erfolgt über einen einfachen Kommunikations-Bus mit zwei Leitungen, an den alle Quellen angeschlossen sind. In Abbildung 4.10 ist gezeigt, dass zunächst vom Messsystem ein Startsignal der Dauer T_{clk} an die Stromquellen gesendet wird. Anschließend werden acht Datenbits zur Konfiguration über die zweite Leitung gesendet.

---

[1] https://www.chiark.greenend.org.uk

Tabelle 4.3 Datenrahmen zur Konfiguration des Plethysmographie-Messsystems

Zeichen	Funktion	Wertebereiche		
konf[0]	Kategorie	**c: PGA**	**d: MUX**	**e: Strom-Module**
konf[1]	Bauteil-Nr.	a: CH_1 PGA_1 b: CH_1 PGA_2 c: CH_2 PGA_1 d: CH_2 PGA_2 e: CH_3 PGA_1 f: CH_3 PGA_2 g: CH_4 PGA_1 h: CH_4 PGA_2	a: CH_1 MUX_1 b: CH_2 MUX_1 c: CH_3 MUX_1 d: CH_4 MUX_1 e: CH_1 MUX_2 f: CH_2 MUX_2 g: CH_3 MUX_2 h: CH_4 MUX_2	a: Modul 1 b: Modul 2 c: Modul 3 d: Modul 4
konf[2]	Daten 1	a: Gain=1 b: Gain=2 c: Gain=5 d: Gain=10	a: Shunt / raw b: BioZ / filt	a: 0,12 mA b: 0,3 mA c: 0,75 mA d: 1,5 mA
konf[3]	Daten 2			a: Inaktiv b: Aktiv
konf[4]	Daten 3			a: 12 kHz b: 30 kHz c: 50 kHz d: 77 kHz e: 143 kHz f: 200 kHz g: 250 kHz

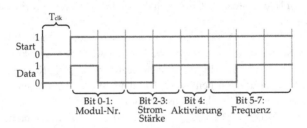

Abbildung 4.10 Übertragungsformat der Konfiguration an die Stromquellen-Module

Die Bedeutungen der möglichen Bitmuster sind in Tabelle 4.4 zusammengefasst. Auch hier liegt der Fokus stärker auf der Nutzerfreundlichkeit als auf der Effizienz der Datenübertragung.

Tabelle 4.4 Bitmuster der Konfigurationsdaten für die Stromquellen-Module

Modul-Nr.	Stromstärke	Aktivierung	Frequenz
00: 1	00: 0,12 mA	0: deaktiviert	000: 12 kHz
01: 2	01: 0,30 mA	1: aktiviert	001: 30 kHz
10: 3	10: 0,75 mA		010: 50 kHz
11: 4	11: 1,50 mA		011: 77 kHz
			100: 143 kHz
			101: 200 kHz
			110: 250 kHz

4.3.2 Firmware

Sowohl der Mikrocontroller des Messsystems, als auch die der Stromquellen-Module sind in der Programmiersprache C mittels der Entwicklungsumgebung Atmel Studio (von Microchip) umgesetzt. Für die Ansteuerung der Controller-Peripherie wurde die Atmel Software Framework (ASF)-Bibliothek in die Firmwareentwicklungen eingebunden. In Abbildung 4.11 ist der zum Mikrocontroller des Messsystems gehörige Hauptprogramm-Ablaufplan dargestellt. Er besteht aus vier Unterprogrammen. Zunächst wird der Mikrocontroller in den erforderlichen Ausgangszustand gebracht.

Abbildung 4.11 Ablauf-plan des Hauptprogramms, welches auf dem Mikrocontroller des Messsystems läuft

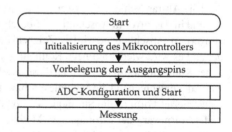

Um undefinierte Zustände zu vermeiden, werden anschließend die Ausgangspins so geschaltet, dass sich das Messsystem in Grundstellung befindet. Das bedeutet, dass alle PGAs mit der geringsten Verstärkung arbeiten, die Spannungsabfälle über die Shuntwiderstände gemessen werden und die Stromquellen deaktiviert sind. Im nächsten Unterprogramm wird der ADC auf eine Abtastrate von $f_s = 1$ kHz eingestellt. Außerdem werden die ADC-internen PGAs und die Referenzspannung konfiguriert, bevor die Analog-Digital-Wandlung gestartet wird. Abschließend wird das

Unterprogramm „Messung" aufgerufen, dessen Ablauf in Abbildung 4.12 näher dargestellt ist.

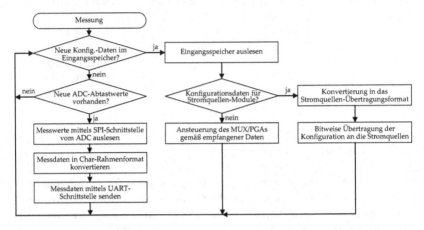

Abbildung 4.12 Unterprogramm des Plethysmographie-Systems zur Messdatenaufnahme

Das Unterprogramm beginnt mit einer Abfrage des UART-Eingangsspeichers, ob neue Konfigurationsdaten vom PC empfangen wurden. Ist dies nicht der Fall, wird überprüft, ob neue Messdaten beim ADC anliegen. Sobald dieser Fall eintritt, wird die Abfrageschleife verlassen und die Messdaten via SPI-Schnittstelle abgerufen und in das zuvor in Abschnitt 4.3.1 beschriebene Zeichenketten-Rahmenformat konvertiert. Abschließend wird die Zeichenkette über die UART-Schnittstelle gesendet und es wird wieder auf neue Konfigurations- oder Messdaten geprüft. Im Falle neuer Konfigurationsdaten werden diese aus dem Eingangsspeicher eingelesen und entweder entsprechend die Multiplexer- bzw. PGA-Konfiguration angepasst oder in konvertierter Form an die Stromquellenmodule weitergeleitet.

Die Firmware der Stromquellen-Module ist in den Programmablaufplänen in Abbildung 4.13 gezeigt. Links ist das Hauptprogramm zu sehen, welches Unterprogramme zur Initialisierung des Mikrocontrollers und dessen internen DACs aufruft. Anschließend werden die Interrupts aktiviert. Diese beinhalten neben einem DAC-Interrupt zum zyklischen ändern des analogen Ausgabewertes auch die Detektion von Zustandsänderungen des „Start"-Kommunikationspins. Eine fallende Flanke löst die in der Abbildung rechts dargestellte Routine aus. In dieser werden zunächst alle Interrupts deaktiviert und dann die Dauer T_{clk} des eingegangenen Startsignals gemessen, um die genaue Datenübertragungsrate f_{clk} des Senders zu bestimmen. Anschließend werden die Konfigurationsdaten nach dem in Abschnitt 4.3.1 beschriebenen Protokoll eingelesen. Korrespondieren die beiden zuerst empfangenen Bits mit der eigenen Stromquellen-Modulnummer, so werden Frequenz und Amplitude des DACs entsprechend der folgenden Daten angepasst und die Interrupts wieder aktiviert. Falls die Daten an eine andere Stromquelle adressiert sind, werden die Interrupts ohne weitere Anpassungen des DACs wieder aktiviert.

Abbildung 4.13 Hauptprogramm und Konfigurations-Unterprogramm der Stromquellen-Module

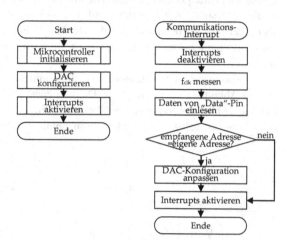

4.3.3 GUI

Die in C# programmierte GUI bietet dem Anwender die Möglichkeit, die vom Messsystem empfangenen Daten zu speichern und zusätzlich live anzeigen zu lassen. In Abbildung 4.14 ist ein Screenshot des GUI-Hauptfensters gezeigt. Die linken vier Plots zeigen den zeitlichen Verlauf der gemessenen Bioimpedanz-Beträge. Die rechten Plots stellen die zusätzlich implementierten Biosignalmessungen dar.

Um keine neue Funktion zum Plotten der Daten programmieren zu müssen, wird die im Microsoft .NET Framework enthaltene Chart-Funktion genutzt. Um trotz ihres hohen Rechenaufwands akzeptable Bildraten zu erzielen, ist es sinnvoll, die Signale zunächst zu dezimieren. Unter der Annahme, dass als Anzeige ein Full-HD-Monitor mit einer horizontalen Auflösung von $m_{Monitor} = 1920$ Bildpunkten genutzt wird und davon $m_{Plot} = 500$ Bildpunkte je Plot verwendet werden, entspricht bei der geforderten Zeitskala von 5 s jedes Pixel einer Dauer von 10 ms. Dies entspricht wiederum 10 Abtastwerten. Somit ist eine Dezimation um den Faktor $M_{Dez.} = 10$ sinnvoll und reduziert die für die Anzeige benötigte Rechenleistung signifikant. Als zugehöriger Dezimationsfilter und zur geforderten Reduzierung von höherfrequenten Störungen wird wegen dessen konstanter Gruppenlaufzeit ein FIR-Tiefpass der Ordnung $N = 100$ implementiert, was zu einer Gruppenlaufzeit von $\tau_g = 50$ ms führt. Die Durchlassfrequenz wird zu $f_{pass} = 7$ Hz und die Sperrfrequenz zu $f_{stop} = 20$ Hz dimensioniert. Als Designmethode wird das Verfahren der geringsten Fehlerquadrate gewählt. Die Filterkoeffizienten werden mittels der Matlab Filter Designer App berechnet und zum digitalen Filtern in das C#-Programm übertragen. Der Rechenaufwand in direkter Umsetzung des Filters beträgt 10^5 Multiplikationen pro Sekunde je Kanal und ist somit für heutige PCs vernachlässigbar gering.

Die Konfiguration des Messsystems erfolgt mittels eines zweiten Fensters, welches in Abbildung 4.15 gezeigt ist. Darin können, analog zum bereits gezeigten Blockschaltbild des Systems, alle Parameter eingestellt werden. Da das System nicht darauf ausgelegt ist, den Messstrom simultan zum Spannungsabfall über der

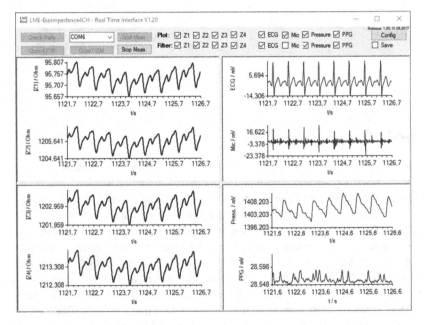

Abbildung 4.14 Exemplarischer Screenshot des GUI-Hauptfensters zur Anzeige der gemessenen Signale

Bioimpedanz zu messen, wird bei einer Live-Messung die ideale Übertragungs-funktion des Systems zur Berechnung der Impedanzbeträge angenommen.

Nach Beenden einer Messung schaltet die Software automatisch die Eingangs-multiplexer so um, dass für eine Dauer von 100 ms der Spannungsabfall über dem Shuntwiderstand gemessen wird. Abschließend werden die Stromquellen ausge-schaltet, um eventuelle Offsetspannungen für die gleiche Dauer zu messen. Zur späteren Weiterverarbeitung der Signale werden die empfangenen Messdaten optio-nal in einer Comma Separated Values (CSV)-Datei inklusive aller Messparameter gespeichert.

4.4 Systemkalibrierung und -Justierung

Nach einer Zusammenfassung der in diesem Abschnitt relevanten Anforderungen wird festgelegt, welche Art von Kalibrierung für das Messsystem notwendig ist, um dieses anschließend für die Anwendung hinreichend genau zu justieren. Betrachtet wird hier stets einer der vier Messkanäle.

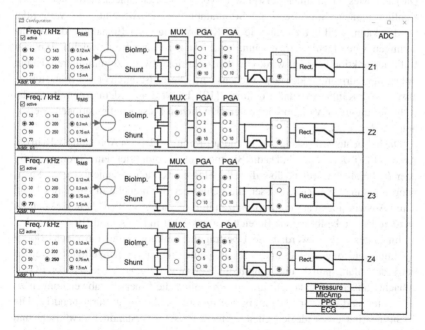

Abbildung 4.15 Konfigurations-Fenster der GUI zur Einstellung der Messparameter

4.4.1 Anforderungen

Für die Impedanzplethysmographie ist es von besonderer Bedeutung, dass die charakteristischen Pulswellen-Signalformen nicht zu stark von den Eigenschaften des Messsystems beeinflusst werden. Daher soll der relative Fehler $E_{LA,rel}$, welcher durch Linearitätsabweichungen entsteht, nach der Kalibrierung und der anschließenden Justierung nicht größer als 1 % sein. Die Einflüsse von Anfangspunkt- und Empfindlichkeitsabweichung sind für die Anwendung zwar nicht ausschlaggebend, um jedoch auch sinnvolle Impedanzbetragswerte bestimmen zu können, welche mit der Literatur verglichen werden können, wird auch hier eine Abweichung von maximal 1 % zugelassen. Als nützlicher Messbereich von Bioimpedanzen unter Verwendung des Frequenzbereichs der β-Dispersion werden Impedanzen von 10...1000 Ω betrachtet.

4.4.2 Festlegung der Kalibrierfunktion

Da jeder Messkanal unter Verwendung von Hunderten unterschiedlichen Mess-Konfigurationen (Stromfrequenz, Stromamplitude, PGA-Stellungen) verwendet werden kann, wird untersucht, wie die Kalibrierung unter Einhaltung der Anforderungen vereinfacht werden kann. Zunächst wird analysiert, welcher Typ von Kalibrierfunktion benötigt wird. Um den Kalibrieraufwand zu minimieren, ist ein Polynom niedrigen Grades m wünschenswert. Dieses ist durch $m + 1$ Stützstellen, also $m + 1$ Kalibriernormale, definiert [19]. Es wird außerdem ermittelt, ob die Kalibrierung unter Variation der unterschiedlichen Mess-Konfigurationen wiederholt werden muss.

Die betrachtete Messkette, basierend auf Kapitel 4.2, ist in Abbildung 4.16 in die Abschnitte (I–X) aufgeteilt. Da die Bioimpedanzmessung stets eine Strommessung über R_S beinhaltet, welche über dieselbe Messeinrichtung geschieht wie die Spannungsmessung über Z_{Bio}, müssen die Fehler der Stromquelle in Abschnitt I und deren Auswirkungen auf die Impedanzen in II an dieser Stelle nicht berücksichtigt werden. Der zu kalibrierende Bereich beginnt daher mit Abschnitt III.

Im ersten Schritt werden die Übertragungsfunktionen der einzelnen Blöcke bestimmt und zu einer Gesamtübertragungsfunktion zusammengefügt. Es werden bewusst Anfangspunkt- und Empfindlichkeitsabweichungen, wie die der PGAs, zunächst außen vor gelassen, um ausschließlich die Linearitätsabweichungen zu betrachten und zu entscheiden, ob eine lineare Kalibrierung hinreichend ist. Die Nichtlinearität eines idealen Gleichrichters ist selbstverständlich erwünscht und wird nicht als Linearitätsabweichung gewertet.

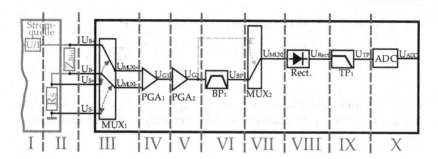

Abbildung 4.16 Messkette des Plethysmographie-Messsystems zur Bestimmung der Kalibrierfunktion

Die vereinfachten Übertragungsfunktionen der Abschnitte lauten

$$III) \quad 1 \pm LA_{MUX1} \tag{4.15}$$

$$IV) \quad G_1(1 \pm LA_{G1}) \tag{4.16}$$

$$V) \quad G_2(1 \pm LA_{G2}) \tag{4.17}$$

$$VI) \quad 1 \pm LA_{BP1} \tag{4.18}$$

$$VII) \quad 1 \pm LA_{MUX2} \tag{4.19}$$

$$VIII) \quad 1 \pm LA_{Rect} \tag{4.20}$$

$$IX) \quad 1 \pm LA_{TP1} \tag{4.21}$$

$$X) \quad 1 \pm \frac{1}{2(2^n - 1)} \pm LA_{ADC}, \tag{4.22}$$

wobei G für die jeweiligen PGA-Verstärkungen und LA für die relativen Linearitätsabweichungen stehen. Wie in der Gleichung zu Abschnitt X zu sehen, wird davon ausgegangen, dass der Eingangsbereich des ADCs ausgenutzt wird und somit dessen begrenzte Auflösung von n Bit einen maximalen Fehler zur Nichtlinearität von bis zu $\frac{1}{2}$ Least Significant Bit (LSB) beitragen kann. Hinzu kommt dessen integrale Nichtlinearität LA_{ADC}. Wegen der Kaskadierung der Blöcke lässt sich die betrachtete Übertragungsfunktion als

$$A = \frac{U_{ADC}}{U_B} = G_1 G_2 (1 \pm LA_{MUX1})(1 \pm LA_{G1})(1 \pm LA_{G2})(1 \pm LA_{BP1}) \cdot$$
$$(1 \pm LA_{MUX2})(1 \pm LA_{Rect})(1 \pm LA_{TP1}) \left(1 \pm \frac{1}{2(2^n - 1)} \pm LA_{ADC} \right)$$

$$(4.23)$$

schreiben. Da als ideale Übertragungsfunktion $A_{ideal} = G_1 G_2$ angenommen wird, lässt sich der relative Fehler, welcher durch Linearitätsabweichungen entsteht, mittels

$$E_{LA,rel} = \frac{A}{A_{ideal}} - 1 \qquad (4.24)$$

bestimmen. Somit folgt für den maximalen durch Linearitätsabweichungen verursachten relativen Fehler

$$E_{LA,rel,max} = (1 + |LA_{MUX1}|)(1 + |LA_{G1}|)(1 + |LA_{G2}|)(1 + |LA_{BP1}|)(1 + |LA_{MUX2}|) \cdot$$
$$(1 + |LA_{Rect}|)(1 + |LA_{TP1}|) \left(1 + \frac{1}{2(2^n - 1)} + |LA_{ADC}| \right) - 1. \quad (4.25)$$

Die Linearitätsabweichungen der Multiplexer und PGAs können den entsprechenden Datenblättern entnommen werden. Für die Filter und die Gleichrichterschaltung werden sie in den folgenden beiden Einschüben hergeleitet.

Linearitätsabweichung der Filter
Sowohl die Widerstände als auch die Operationsverstärker können als hinreichend lineare Bauteile angenommen werden. Da Kondensatoren jedoch eine Spannungsabhängigkeit und somit ein nicht-lineares Verhalten aufweisen können, wird deren Einfluss auf die Filterschaltungen betrachtet [162]. Die maximal auftretenden Linearitätsabweichungen von TP_1 und den vier Varianten von BP_1 werden unter Verwendung des Totalen Differentials abgeschätzt [152]. Da sich die Topologien der Filter ähneln, wird an dieser Stelle nur explizit auf den Tiefpass TP_1 6. Ordnung eingegangen. Dieser setzt sich, wie in Abbildung 4.17 zu sehen, aus drei kaskadierten aktiven Filterstufen, jeweils zweiter Ordnung, zusammen.

Somit gilt für die Übertragungsfunktion

$$A_{TP1} = \frac{U_A}{U_E} = A_1 \cdot A_2 \cdot A_3. \qquad (4.26)$$

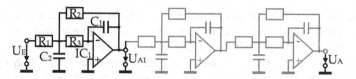

Abbildung 4.17 Schaltung des Tiefpasses 6. Ordnung

Die Übertragungsfunktion der ersten Filterstufe und somit analog auch der übrigen Filterstufen ist

$$A_1 = \frac{U_{A1}}{U_E} = -\frac{R_2/R_1}{1 - \omega^2 C_1 C_2 R_2 R_3 + j\omega C_1 \left(R_2 + R_3 + \frac{R_2 R_3}{R_1}\right)}. \qquad (4.27)$$

Ihr Betrag ist somit

$$|A_1| = \frac{R_2}{R_1} \cdot \frac{1}{\sqrt{\left(1 - \omega^2 C_1 C_2 R_2 R_3\right)^2 + \omega^2 C_1^2 \left(R_2 + R_3 + \frac{R_2 R_3}{R_1}\right)^2}}. \qquad (4.28)$$

Um nun den Einfluss der Nichtlinearitäten von C_1 und C_2 zu bestimmen, wird der schlechteste Fall angenommen. Das bedeutet, dass die Kondensatoren über ihren gesamten zulässigen Spannungsbereich angesteuert werden und somit die maximalen relativen Kapazitätsänderungen $\Delta C_{rel,max}$ auftreten können. Die resultierende Abweichung von $|A_1|$ kann so als maximale Linearitätsabweichung angesehen werden.

Berechnet wird die maximale absolute Abweichung $\Delta A_{1,max,abs}$ der Betragsfunktion gemäß

$$\Delta A_{1,max,abs} = \left|\frac{\delta|A_1|}{\delta C_1} \cdot C_1 \cdot \Delta C_{rel,max1}\right| + \left|\frac{\delta|A_1|}{\delta C_2} \cdot C_2 \cdot \Delta C_{rel,max2}\right|. \qquad (4.29)$$

Da in den Filterschaltungen keine Signalverstärkungen implementiert sind, beträgt die maximale relative Linearitätsabweichung für den aus drei Stufen zusammengesetzten Tiefpass TP_1

$$LA_{TP1} = \left(1 + \Delta A_{1,max,abs}\right) \cdot \left(1 + \Delta A_{2,max,abs}\right) \cdot \left(1 + \Delta A_{3,max,abs}\right) - 1. \qquad (4.30)$$

Zahlenwerte zu den Nichtlinearitäten der verwendeten NP0-Kondensatoren sind in Datenblättern und Literatur kaum vorhanden, da dieser Kondensatortyp als „linear" gilt [162]. Der Hersteller AVX gibt in einer Spezifikation[2] jedoch an, dass Hysterese-Effekte die Kapazität um bis zu $0,05\,\%$ variieren können. Daher wird dieser Wert für diese Abschätzung herangezogen. In Abbildung 4.18 ist die so abgeschätzte maximale Linearitätsabweichung für TP_1 in Abhängigkeit der Signalfrequenz dargestellt. Dazu wurde LA_{TP1} analytisch bestimmt und mittels Matlab über die Frequenz geplottet.

Abbildung 4.18 Abschätzung der Linearitätsabweichung des Tiefpassfilters TP_1 in Abhängigkeit der Signalfrequenz

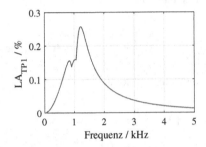

Es ist zu sehen, dass sich insbesondere im Bereich der Grenzfrequenz von $f_c = 1000\,\mathrm{Hz}$ die Nichtlinearitäten auswirken können. Da sich jedoch dieser Filter im Blockschaltbild erst nach der Demodulation befindet, treten nur die Nutzsignale im Bereich einiger 10 Hz auf. Als maximale Linearitätsabweichung wird daher $LA_{TP1} = 0,1\,\%$ angesehen.

Das gleiche Vorgehen wurde für die Kanal-spezifischen Bandpassfilter BP_1 unter entsprechender Anpassung der Übertragungsfunktion wiederholt. Da sich jedoch in diesen Fällen die Signalfrequenzen dicht an den Grenzfrequenzen der Filter befinden und somit hohe Linearitätsabweichungen erfahren, ist die vorherige Frequenz-begrenzte Berücksichtigung hier nicht zulässig. Stattdessen wird für die vier Implementierungen jeweils das Maximum von LA_{BP1} im Frequenzbereich von bis zu 250 kHz bestimmt. Zur Bestimmung der maximalen Linearitätsabweichung wird wiederum die Implementierung, welche die höchsten Abweichungen aufweist, herangezogen. Die Linearitätsabweichung der Bandpassfilter wurde so zu $LA_{BP1} = 0,38\,\%$ bestimmt.

---

[2]Internetressource, Zugriff am 23.09.2019: http://datasheets.avx.com/C0GNP0-Dielectric.pdf.

Linearitätsabweichung der Gleichrichterschaltung

Zur Untersuchung der Linearitätsabweichung der Gleichrichterschaltung wird auch diese gemäß Abbildung 4.19 in die Abschnitte a-e unterteilt. Die Abschnitte a, b und e werden aufgrund der Bauteilwahl als linear angenommen. Ein deutlich höherer Einfluss auf die Nichtlinearität der Gleichrichterschaltung wird von den Abschnitten c und d erwartet.

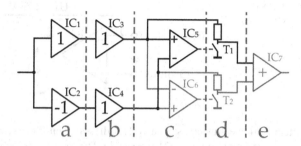

Abbildung 4.19 Vereinfachtes Blockschaltbild der Gleichrichterschaltung, basierend auf Abbildung 4.6

Die Komparatoren in Abschnitt c schalten in Abhängigkeit der Signalamplituden an deren Eingängen. Die technisch begrenzte Leerlaufverstärkung und Slew Rate der OPVs führen zu Verzögerungen beim Umschalten derer Ausgangssignale, wie sie bei Nulldurchgängen des Eingangssignals passieren sollen [167]. Die Transistoren, mit denen die Schalter realisiert werden, weisen Nichtlinearitäten bezüglich deren Durchgangswiderstände R_{DS} auf. Da die Transistoren aber nur zwischen sehr niederohmigem und sehr hochohmigem Zustand umgeschaltet werden, gilt stets entweder $R_{DS,on} \ll R_D$ oder $R_{DS,off} \gg R_D$, wobei R_D dem Widerstand am Drainanschluss des Transistors entspricht. Zudem wirkt eine gegenüber der Schwellenspannung (engl. Threshold Voltage) $U_{th} = 0,75$ V hohe Gate-Source-Spannung von $U_{GS} = 5$ V stabilisierend auf $R_{DS,on}$.

Die Transistoren weisen Bauteil-abhängige Schaltzeiten im ns-Bereich auf. Da stets während eines Nulldurchgangs des Nutzsignals geschaltet wird, sind diese Zeiten konstant und unabhängig von der Amplitude des Nutzsignals. Somit erzeugen sie zunächst keine Linearitätsabweichung. Weil sich die Schaltzeitpunkte der Schalter aber durch die zuvor beschriebene Charakteristik der Komparatoren in Abhängigkeit der Signalamplituden verschieben können, führt dieser Zusammenhang zu Nichtlinearitäten. Daher werden die Auswirkungen der Kombination von Abschnitt c und d im Folgenden untersucht.

Da positiver und negativer Pfad in Abbildung 4.19 ab Abschnitt b identisch sind, ist es hinreichend, nur einen der Pfade zu betrachten. Der relative Fehler, welcher durch die Nichtlinearität entsteht, erhöht sich durch die anschließende Addition in Abschnitt e nicht. In Abbildung 4.20 sind die im Folgenden genutzten Variablen eingetragen.

Abbildung 4.20 Ansteuerung des Schalters mittels
Komparator

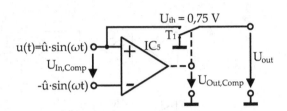

Der erwartete zeitliche Ausgangssignalverlauf dieses einen Pfades der Gleichrichterschaltung wird in Abbildung 4.21 dargestellt. Die Schaltverzögerungen bei den Nulldurchgängen des zugehörigen Sinussignals setzen sich aus denen des Komparators ($T_{Comp,on}(\hat{u})$, $T_{Comp,off}(\hat{u})$) und denen des Schalters ($T_{sw,on}$, $T_{sw,off}$) zusammen. Es ist zu beachten, dass mit „on" der leitfähige Zustand des Transistors gemeint ist, was in der Schaltung zu einem Ausgang mit GND-Potential führt, wie in Abbildung 4.20 gezeigt ist.

$T_{Comp,on}(\hat{u})$ entsteht, da die Schwellenspannung des Transistors $U_{th} = 0,75$ V beträgt. Diese wird wegen der technisch begrenzten Leerlaufverstärkung des OPVs bei einem Wechsel der zugehörigen Komparatorausgangsspannung von -5 V nach $+5$ V erst erreicht, wenn für das Eingangssignal $u(t) \geq \frac{U_{th}}{2 \cdot A_{OL}}$ gilt. Anschließend wird das Schalten vom Transistor um $T_{sw,on}$ verzögert. Beim Wechsel der Komparatorausgangsspannung von $+5$ V nach -5 V wird analog die Schwellenspannung des Transistors um $T_{Comp,off}(\hat{u})$ zu früh unterschritten. Entsprechend früh beginnt die Schaltdauer $T_{sw,off}$ des Transistors.

Die Fläche unter der Ausgangsspannung U_{out} während einer Signalperiode ist mit dem Gleichanteil des Signals linear verknüpft. Ihre Änderung in Abhängigkeit der Eingangsspannungsamplitude $\hat{u}$ kann daher zur Bestimmung der Linearitätsabweichung genutzt werden. Die Fläche lässt sich mittels des Integrals

$$A_{Uout} = \hat{u}_{out} \int_{-T_{Comp,off}(\hat{u})+T_{sw,off}}^{\frac{T}{2}+T_{Comp,on}(\hat{u})+T_{sw,on}} \sin(\omega t)dt \qquad (4.31)$$

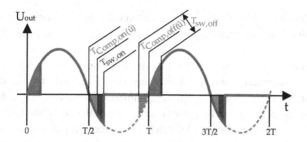

Abbildung 4.21 Schaltverzögerungen der Gleichrichterschaltung

bestimmen, wobei sich das nicht-ideale Verhalten des Komparators auf die Integralgrenzen auswirkt. Die zeitlichen Abweichungen $T_{\mathrm{Comp,on}}(\hat{u})$ und $T_{\mathrm{Comp,off}}(\hat{u})$ zwischen den Signalnulldurchgängen und dem tatsächlichen Erreichen der notwendigen Schwellenspannung lässt sich für eine bestimmte Kreisfrequenz absolut oder als allgemeingültiges Winkelmaß gemäß

$$T_{\mathrm{Comp,on}}(\hat{u}) = T_{\mathrm{Comp,off}}(\hat{u}) = \frac{\arcsin\left(\frac{U_{\mathrm{th}}}{2 \cdot A_{\mathrm{OL}} \cdot \hat{u}}\right)}{\omega} \qquad (4.32)$$

$$\phi_{\mathrm{Comp,on}}(\hat{u}) = \phi_{\mathrm{Comp,off}}(\hat{u}) = \frac{180°}{\pi}\arcsin\left(\frac{U_{\mathrm{th}}}{2 \cdot A_{\mathrm{OL}} \cdot \hat{u}}\right) \qquad (4.33)$$

in Abhängigkeit von $\hat{u}$ bestimmen. Die Gleichungen 4.32 und 4.33 sind jedoch nur gültig, wenn die Slew Rate (SR) des gewählten Operationsverstärkers den Anstieg der Komparatorausgangsspannung nicht limitiert. Ist dies jedoch der Fall, so wechseln ab den Zeitpunkten an denen $\frac{u(t)}{2 \cdot A_{\mathrm{OL}}} = \pm 5$ V gilt die Komparatoren ihre Ausgangsspannung linear gemäß der Slew Rate. Die ± 5 V entsprechen dabei der Versorgungsspannung des OPVs und somit dem maximalen bzw. minimalen Ausgangspegel. Wird die für die Gültigkeit von Gleichung 4.32 und 4.33 benötigte minimale Slew Rate gemäß

$$SR_{\mathrm{min}} = \max\left(\left|\frac{dU_{\mathrm{Out,Comp}}}{dt}\right|\right) = 2 \cdot A_{\mathrm{OL}} \cdot \hat{u} \cdot \omega. \qquad (4.34)$$

bestimmt, so würde unter Verwendung der Werte für A_{OL} aus dem OPV-Datenblatt $SR_{\mathrm{min}} \approx 12500$ V$/\mu$s$\big|_{f=250\ \mathrm{kHz},\hat{u}=5\ \mathrm{V}}$ resultieren. Da der verwendete OPV jedoch eine maximale Slew Rate von 1800 V/μs aufweist, müssen je nach Signalfrequenz und -Amplitude die Schaltcharakteristika des Gleichrichters unterschiedlich untersucht werden.

Zur Vereinfachung wurde der Einfluss der Eingangsspannung und der Signalfrequenz in Kombination mit der limitierten Slew Rate und den Verzögerungen der Transistoren $T_{sw,on}$ und $T_{sw,off}$ auf U_{out} numerisch ausgewertet. Um die im Vergleich zu den Signalperiodendauern sehr geringen Schaltzeiten abbilden zu können, wurden die Ausgangssignale des Gleichrichters für alle einstellbaren Signalfrequenzen im Bereich von $f = 12...250$ kHz mit einer Abtastrate von 20 GHz mittels Matlab simuliert. Da unter sinnvoller Verwendung der programmierbaren Verstärker des Messsystems Spannungsamplituden von $\hat{u} = 0, 1...5$ V zu erwarten sind, wurde dieser Bereich mit einer Schrittweite von $\Delta\hat{u} = 100$ mV in der Simulation betrachtet. Die so bestimmten Linearitätsabweichungen sind für für jede einstellbare Signalfrequenz in Abbildung 4.22 dargestellt.

Abbildung 4.22 Simulierte Linearitätsabweichung des Gleichrichters in Abhängigkeit der Signalfrequenz

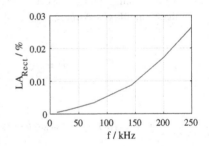

Die stärksten Einflüsse auf das Ausgangssignal durch Änderungen der Eingangssignalamplitude entstehen bei der höchsten Signalfrequenz von $f = 250$ kHz. Die maximale ermittelte Linearitätsabweichung beträgt 0,026 %. Daher wird für die weitere Abschätzung $LA_{Rect} = 0,03$ % angenommen.

Zusammenfassung

Die Linearitätsabweichungen der übrigen Abschnitte der Messkette werden mittels der zugehörigen Datenblätter ermittelt. Werden die Zahlenwerte nun in Gleichung 4.25 zur Bestimmung der maximalen relativen Gesamt-Linearitätsabweichung eingesetzt, so ergibt sich

$$E_{\mathrm{LA,rel,max}} = (1+|LA_{\mathrm{MUX1}}|)(1+|LA_{\mathrm{G1}}|)(1+|LA_{\mathrm{G2}}|)(1+|LA_{\mathrm{BP1}}|)(1+|LA_{\mathrm{MUX2}}|) \cdot$$

$$(1+|LA_{\mathrm{Rect}}|)(1+|LA_{\mathrm{TP1}}|)\left(1+\frac{1}{2(2^n-1)}+|LA_{\mathrm{ADC}}|\right) - 1$$

$$\approx (1+0,05~\%)(1+10~\mathrm{ppm})(1+10~\mathrm{ppm})(1+0,38~\%)(1+25~\mathrm{ppm}) \cdot$$

$$(1+0,03~\%)(1+0,1~\%)(1+10~\mathrm{ppm}) - 1$$

$$\approx 0,57~\%.$$

$$(4.35)$$

Dieser maximale relative Fehler, welcher ausschließlich die Nichtlinearitäten berücksichtigt, ist hinreichend gering, um unter Einhaltung der gestellten Anforderungen bezüglich der Kalibrierung, eine lineare Kalibrierfunktion nutzen zu können.

4.4.3 Justierung

Gemäß vorheriger Abschätzung ist es für die Bestimmung der tatsächlichen Bioimpedanz Z_{Bio} hinreichend, das System als linear anzunehmen. Damit wirken sich ausschließlich die Anfangspunktabweichung E_{AA} und die Steigungsabweichung E_{SA} der Messkette aus. Da sowohl Strom als auch Spannung mittels des gleichen Messkanals bestimmt werden, führt die Verwendung der gleichen Konfiguration zu einer fehlerbehafteten Impedanzbestimmung gemäß

$$|Z_{\mathrm{Mess}}| = \frac{|U_{\mathrm{B}}| \cdot (1 + E_{\mathrm{SA}}) + E_{\mathrm{AA}}}{1/R_{\mathrm{S}} \cdot |U_{\mathrm{S}}| \cdot (1 + E_{\mathrm{SA}}) + E_{\mathrm{AA}}}. \qquad (4.36)$$

Es ist zu sehen, dass es ausreicht, die Anfangspunktabweichung mittels Kalibrierung zu bestimmen und zur Justierung diese von den Spannungs- und Stromwerten zu subtrahieren. Der Faktor $(1 + E_{\mathrm{SA}})$, welcher die Empfindlichkeitsabweichung beinhaltet, kürzt sich anschließend heraus. Daher wird nach jeder Bioimpedanzmessung zur Bestimmung der Anfangspunktabweichung von der GUI eine kurze Messung mit ausgeschalteten Stromquellen durchgeführt. Die in dieser Arbeit folgenden Messungen wurden nach diesem Verfahren justiert.

4.5 Messtechnische Charakterisierung

Bevor Messungen am Probanden durchgeführt werden können, soll in diesem Abschnitt zunächst die Charakteristik des entwickelten Plethysmographie-Messsystems messtechnisch analysiert und mit den Anforderungen aus Abschnitt 4.1 abgeglichen werden.

4.5.1   Stromquellen-Module

Zunächst wird die Signalqualität des erzeugten Sinusstromes ermittelt. Da nicht nur
das Rauschen N, sondern auch Verzerrungen D eine Messung verfälschen, wird
das Verhältnis aus Gesamtsignalleistung S zu Störsignalleistung (engl. Signal-to-
Interference Ratio Including Noise and Distortion (SINAD)) gemäß

$$SINAD = 20 \cdot \log_{10} \left(\frac{S}{N + D} \right) \tag{4.37}$$

bestimmt [66, 192]. Für diese Messung wurde ein Strom von $1,5$ mA unter Verwendung der sieben einstellbaren Frequenzen an einem 1 kΩ-Widerstand angelegt und
die resultierende Spannung mittels eines Digitaloszilloskops (HDO6054 von Teledyne LeCroy) für jeweils 50 ms mit einer Abtastrate von 50 MHz gemessen und
gespeichert. Zur Vermeidung von Aliasing wurde die 20 MHz-Bandbegrenzung
des Oszilloskops genutzt. Die aus diesen Daten mittels Matlab bestimmten SINAD-
Werte sind in Tabelle 4.5 dargestellt.

Es ist erkennbar, dass mit steigender Frequenz der SINAD-Wert abnimmt, was
auf die Eigenschaften des realisierten Rekonstruktionsfilters (siehe Abschnitt 4.2.2)
und den damit einhergehenden Einfluss der Harmonischen zurückzuführen ist. Da
in der Messanwendung ein Selektieren der Nutzfrequenzen stattfindet, sind diese
Werte, wie später gezeigt, hinreichend.

Weiterhin soll die galvanische Entkopplung der Stromquellen untereinander
überprüft werden. Dazu wurden gemäß Abbildung 4.23 zwei Stromquellen-Module
jeweils mit einer Last von $R_{L1} = R_{L2} = 1$ kΩ betrieben. Um das Verhältnis
zwischen dem Strom im erwünschten Strompfad und dem im unerwünschten zu
bestimmen, wurde als Strom der Quelle 1 $I_{M1} = 1,5$ mA konfiguriert und der von
Stromquelle 2 zu $I_{M2} = 0$ gewählt. Im Idealfall würde somit $I_{M11} = I_{M1}$ und
$I_{M12} = 0$ gelten.

Tabelle 4.5 Gemessene SINAD-Werte des Ausgangsstroms in Abhängigkeit der Frequenz

Frequenz / kHz	12	30	50	77	143	200	250
SINAD / dB	53,4	52,3	51,2	48,3	41,6	35,1	31,9

Abbildung 4.23 Mess-
aufbau zur Bestimmung des
Verkopplungsfaktors der
galvanisch getrennten
Stromquellen

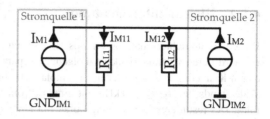

Die auftretende Verkopplung lässt sich als Verkopplungsfaktor der galvanisch getrennten Stromquellen gemäß

$$k_{\text{VCCS}} = 20 \cdot \log_{10}\left(\frac{I_{M12}}{I_{M11}}\right) \tag{4.38}$$

berechnen. Die unter Verwendung der Oszilloskop-internen Fast Fourier Transformation (FFT)-Funktion gemessenen Zahlenwerte sind in Abhängigkeit der genutzten Stromfrequenz in Abbildung 4.24 dargestellt. In diesem Messszenario beträgt die auftretende Verkopplung zwischen den Quellen weniger als -40 dB. Der mit Anstieg der Signalfrequenz sich erhöhende Verkopplungsfaktor wird durch die parasitären Kapazitäten der genutzten galvanisch getrennten Spannungsübertrager dominiert. Bei der niedrigsten dargestellten Frequenz von $f = 12$ kHz fällt eine erhöhte Verkopplung auf. Der Grund dafür ist, dass die Spannungsversorgungen der Stromquellen mittels Tiefpassfilter geglättet werden und somit auch den Frequenzgang der Verkopplung beeinflussen. Bei $f = 12$ kHz kann dieser Filter aufgrund seiner höheren Grenzfrequenz jedoch noch nicht zu einem Vorteil der Entkopplung beitragen.

Abbildung 4.24 Gemes-
sene Verkopplungsfaktoren
der Stromquellen in
Abhängigkeit der Frequenz

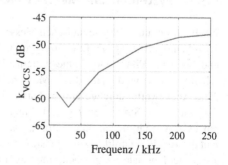

4.5.2 Gleichrichterschaltung

Da die Gleichrichterschaltung ein ausschlaggebendes Element des Messsystems ist, wird deren Charakteristik im Folgenden separat analysiert. Dazu wurde mit einem Kanal des Messsystems eine exemplarische Impedanzmessung eines 1 kΩ-Widerstands bei $f_M = 50\,$kHz mit einem Strom von $I_M = 1,5\,$mA durchgeführt. Der resultierende Spannungsabfall mit einer Amplitude von $\sqrt{2} \cdot 1,5\,$V $\approx$ 2,1 V wurde unter der Verwendung der PGA-Einstellung von $G_1 = G_2 =$ 1 an den Gleichrichter geleitet. Mittels zweier Kanäle des Digitaloszilloskops (HDO6054 von Teledyne LeCroy) wurde das Signal vor und nach der Gleichrichtung mit einer Abtastrate von $f_s = 250\,$MHz abgetastet. Zum Vergleichen der realen Gleichrichter-Charakteristik mit der einer idealen Gleichrichtung wurde das sinusförmige Eingangssignal digital gleichgerichtet (GR_{digital}) und gemeinsam mit dem Ausgangssignal der analogen Schaltung (GR_{analog}) im oberen Diagramm in Abbildung 4.25 dargestellt. Zur besseren Darstellung wurden beide Signale zusätzlich normiert. Im Ausschnitt des zeitlichen Verlaufs kann man die kurzen Schaltverzögerungen des analogen Gleichrichters und die auftretenden Schaltstörungen erkennen. Im Diagramm darunter sind die zugehörigen Betragsspektren der Signale gezeigt. Die noch auftretenden Signalanteile bei $f = 50\,$kHz sind mit ca. $-60\,$dB hinreichend gedämpft und können mit der nachfolgenden Tiefpassfilterung ohne hohen Aufwand weiter reduziert werden. Da es sich um einen Tiefpass 6. Ordnung mit einer Grenzfrequenz bei $f_c = 1\,$kHz handelt (siehe Abschnitt 4.2.3), werden auch die Harmonischen im gezeigten Spektrum durch das Filtern theoretisch um mindestens 240 dB gedämpft und sind somit praktisch vor der Digitalisierung entfernt.

4.5.3 Systematische Messabweichungen

Zur Bestimmung der systematischen Messabweichungen wurden 37 Messnormale zwischen 0...1000 Ω mit Toleranzen von 0,1 % mit einem Kanal des kalibrierten und justierten Plethysmographie-Systems gemessen. Zum Entfernen der statistischen Einflüsse wurde jede dieser Messungen für die Dauer von 2 s, entsprechend 2000 Abtastwerte, durchgeführt und anschließend gemittelt. Die Messungen wurden mit einem Strom von $I_M = 1,5\,$mA bei $f_M = 50\,$kHz für alle einstellbaren PGA-Verstärkungen durchgeführt. Die gemessenen Impedanzbeträge $|Z|_{\text{mess}}$ und die zugehörigen Idealwerte $|Z|_{\text{ideal}}$, die in diesem Fall den Widerstandswerten R_{Norm} der Normale entsprechen, sind exemplarisch für die beiden Verstärkungsstufen $G = 1$ und $G = 100$ in den Abbildungen 4.26 und 4.27 dargestellt.

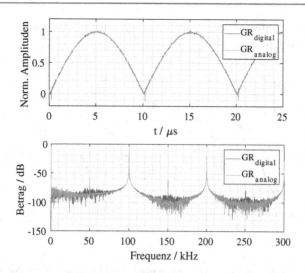

Abbildung 4.25 Vergleich des Gleichrichter-Ausgangssignals mit dem einer idealen digitalen Gleichrichtung im Zeit- und Frequenzbereich

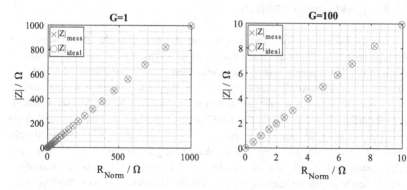

Abbildung 4.26 Messung der Widerstandsnormale mit G=1

Abbildung 4.27 Messung der Widerstandsnormale mit G=100

In Abbildung 4.28 sind die bestimmten relativen Messabweichungen f_{rel} für die unterschiedlichen Verstärkungen gezeigt. Es ist zu erkennen, dass unter Verwendung einer angemessenen Verstärkung die Messabweichungen $|f_{rel}| < 0{,}1\ \%$ betragen und somit im Bereich der Unsicherheiten der Normale liegen. Daher können mit dem Messsystem auch Bioimpedanzmessungen durchgeführt werden, die

deutlich höhere Anforderungen bezüglich der systematischen Messfehler stellen als
die Plethysmographie.

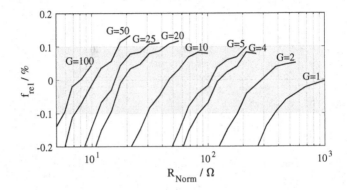

Abbildung 4.28 Systematische Messabweichungen des Plethysmographie-Messsystems

4.5.4 Messunsicherheiten

Da bei der Impedanzplethysmographie sehr geringe zeitliche Änderungen der
Bioimpedanz zuverlässig aufgezeichnet werden sollen, müssen die Messunsicherheiten hinreichend gering sein. In den Anforderungen in Abschnitt 4.1 wurde ein
maximaler Variationskoeffizient von $VarK \leq 100$ ppm festgelegt. Zur Bestimmung
der Messunsicherheiten wurde der vorherige Messaufbau für die Messabweichungen wiederholt. Um den stochastischen Charakter abbilden zu können, wurde jede
Impedanzmessung für eine Dauer von 5 s, entsprechend 5000 Abtastwerte, durchgeführt. Es wurde für jede einstellbare Verstärkungsstufe ein Normal vermessen,
welches sich am Ende des jeweiligen Messbereichs befindet. In Tabelle 4.6 sind die
gemessenen Standardabweichungen σ_{ND} und die daraus berechneten Variationskoeffizienten $VarK$ unter Annahme einer Normalverteilung eingetragen.

Tabelle 4.6 Statistische Messunsicherheiten der Impedanzmessung für $f = 50\,kHz$

R_{Norm}/Ω	10	17,8	31,6	56,2	100	178	316	562	1000
Verstärkung	100	50	25	20	10	5	4	2	1
$\sigma_{ND}/m\Omega$	0,29	0,41	0,67	1,02	1,76	3,14	5,94	9,92	20,8
VarK / ppm	29	23	21	18	18	18	18	18	21

Eine dieser 5-sekündigen Messungen ist in Abbildung 4.29 exemplarisch dargestellt, wobei der richtige Wert des vermessenen Widerstandes 100, 36 $\Omega \pm 0,1$ %
beträgt.

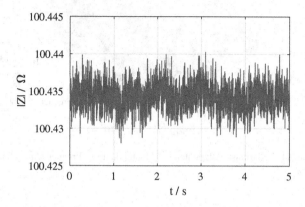

Abbildung 4.29 Exemplarische Messung eines 100 Ω-Widerstands

Diese Messung wurde für alle konfigurierbaren Frequenzen zwischen 12 kHz
und 250 kHz wiederholt. Die bestimmten Variationskoeffizienten sind in
Abbildung 4.30 grafisch dargestellt.

Es ist zu sehen, dass mit Zunahme des zu messenden Impedanzbetrages der Variationskoeffizient sinkt, was wegen der höher werdenden Spannungsabfälle über dem
Messnormal zu erwarten ist. Eine starke Korrelation zwischen Messfrequenzen und
den Messunsicherheiten kann nicht beobachtet werden. Im gesamten betrachteten
Bereich zwischen 10...1000 Ω bzw. 12...250 kHz liegt der Variationskoeffizient
unterhalb von $VarK_{min} = 30$ ppm. Somit werden die gestellten Anforderungen an
die Instrumentierung übertroffen.

4.5.5 Transientes Verhalten

Die Hauptanwendung des Messsystems ist die simultane Messung von Bioimpedan-
zänderungen an mehreren Körperstellen unter Verwendung der vier implementierten
Messkanäle. Daher wird zusätzlich zum transienten Verhalten der Kanäle auch deren
Synchronizität zueinander untersucht. Der Messaufbau in Abbildung 4.31 dient der
Erzeugung von Impedanzsprüngen zwischen 50 Ω und 100 Ω. Dabei wird der zeit-

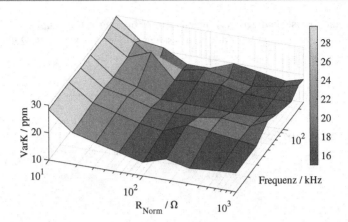

Abbildung 4.30 Variationskoeffizienten in Abhängigkeit von Frequenz und Widerstand des Messnormals

liche Verlauf der Impedanz von den vier Kanälen $Z_1...Z_4$ simultan gemessen. Die Messströme betragen $I_M = 1,5$ mA und die verwendeten Frequenzen entsprechen jeweils denen zur Kanalseparation vorgesehenen.

Die Messergebnisse für die steigende und die fallende Flanke des Impedanzsignals sind für die vier Messkanäle in Abbildung 4.32 bzw. 4.33 gezeigt. Es ist zu sehen, dass die Sprünge jeweils nach $T_{99\%} \leq 3$ ms abgeschlossen sind und keine signifikanten Überschwinger auftreten. Die Synchronizität der Kanäle untereinander ist $\Delta t \leq 1$ ms und erfüllt somit die Anforderungen aus Abschnitt 4.1.

4.5.6   Gesamtfrequenzgang

Aus der Sprungantwort des vorherigen Abschnitts lässt sich mittels numerischer Berechnung der Fourier-Transformation der Frequenzgang des Systems mit einer

Abbildung 4.31 Messaufbau zur Aufnahme der Sprungantworten

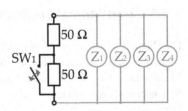

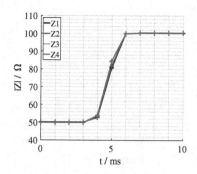

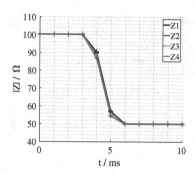

Abbildung 4.32 Positive Flanken der Sprungantworten

Abbildung 4.33 Negative Flanken der Sprungantworten

Frequenzauflösung von

$$\Delta f = \frac{1}{T} \tag{4.39}$$

bestimmen, wobei T der Dauer des Zeitsignals entspricht [106]. Da die Sprungantwort für eine Gesamtdauer von $T = 1$ s aufgezeichnet wurde, wird der normierte Amplitudengang in Abbildung 4.34 mit einer Auflösung von $\Delta f = 1$ Hz dargestellt. Die Grenzfrequenz des dominierenden Tiefpassverhaltens befindet sich bei ca. $f_c \approx 230$ Hz. Dieser Wert liegt nahe der Grenzfrequenz des ADC-internen digitalen Sinc^3-Dezimationsfilters ($f_{c,ADC} \approx 262$ Hz). Die anderen im System befindlichen analogen Filter weisen deutlich höhere Grenzfrequenzen auf und beeinflussen den Amplitudengang in diesem Frequenzbereich daher nur gering. Da die Systemantwort nicht zeitlich zum Impedanzsprung synchronisiert werden kann, kann der absolute Phasengang nicht bestimmt werden. Es ist jedoch möglich, diesen numerisch abzuleiten, um dessen erwünschte Linearität zu überprüfen. Ergebnis dieser bestimmten Ableitung ist, dass die Gruppenlaufzeit bis zu einer Frequenz von 450 Hz um weniger als 1 ms variiert. Diese im oberen Frequenzbereich auftretende Abweichung ist den analogen Filtern des Messsystems zuzuordnen. Da die Signalform der Pulswellen insbesondere durch die Zusammensetzung niederfrequenter Signalanteile bestimmt wird, wirken sich diese geringen Variationen der Gruppenlaufzeit kaum aus. Sie ist für die Anwendung hinreichend gering, um das System als linear-phasig zu bezeichnen.

Abbildung 4.34 Aus
Sprungantwort bestimmter
Amplitudengang des
Plethysmographie-
Messsystems

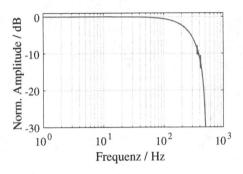

4.6   Probandenmessungen

Zum Abschluss des Kapitels werden mit dem entwickelten Messsystem durchgeführte Probandenmessungen vorgestellt. Dabei werden, im Rahmen dieser Arbeit
entwickelte und teils zum Patent angemeldete, neuartige Messverfahren vorgestellt.

4.6.1   Pulswellendetektion an den Extremitäten

In diesem Abschnitt werden zwei Messansätze gezeigt, mit denen die Pulswellen
an den Extremitäten eines Probanden aufzeichnet werden. Bei der ersten Messung
handelt es sich um die Detektion am Unterarm unter Verwendung geringer Elektrodenabstände. Ein Anwendungsbeispiel kann die Pulsmessung mittels einer Smart
Watch sein, wie es in der zugehörigen US-Patentanmeldung [27] vorgeschlagen
wird. Dazu werden, wie in Abbildung 4.35 zu sehen, die äußeren beiden Ag/AgCl-
Hydrogel-Elektroden (H92SG von Kendall) zur Stromeinprägung und die inneren
für die Spannungsmessung oberhalb der *Arteria radialis* platziert. Als Messstrom
wird in dieser Anwendung $I_M = 1,5$ mA mit einer Frequenz von $f_M = 50$ kHz
konfiguriert und die PGAs dienen einer Gesamtverstärkung von $G = 20$.

Ein 5-sekündiger Ausschnitt der gemessenen Bioimpedanz ist in Abbildung 4.36
dargestellt. Es handelt sich dabei um Rohdaten, die nicht zusätzlich digital gefiltert
wurden. Man erkennt, dass der Impedanzbetrag etwa $|Z| \approx 70,8$ Ω beträgt und
die Blutpulsation Änderungen von einigen 10 mΩ erzeugt. Wie erwartet, führt die
im Vergleich zum übrigen Gewebe hohe Leitfähigkeit des Blutes bei Ankunft der
Pulswelle zu einer Verringerung des Bioimpedanzbetrages. Die Auflösung ist hinreichend, um die charakteristische Signalform der Pulswellen abbilden zu können.
Weitere Arbeiten haben gezeigt, dass diese Messung auch unter Verwendung deut-

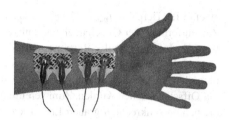

Abbildung 4.35 Elektrodenplatzierung zur Detektion der Pulswelle oberhalb der Arteria radialis

lich geringerer Elektrodenabstände und mit sehr kleinen Elektroden funktioniert [27]. Die zuvor erwähnte Verwendung des Verfahrens in tragbaren Geräten, wie einer Smart Watch, ist daher denkbar [27]. Eine Erweiterung dieses Ansatzes um eine Druckmessung am selben Messort und der damit ermöglichte Vergleich zwischen Blutvolumen-Änderungen und Druckänderungen könnten zu Informationen über die lokale Steifigkeit der Arterie führen [27].

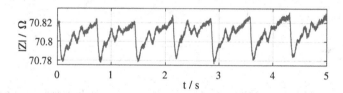

Abbildung 4.36 Rohdaten einer Bioimpedanzmessung über der Arteria radialis

Mit der zweiten Messung soll das Prinzip der Knöchel-Arm-Index-Messung (engl. Ankle-Brachial-Index (ABI)) nachgebildet werden [111]. Dieses Verfahren untersucht den Zustand des Arteriensystems, indem vom liegenden Patienten zeitgleich die Blutdruck–Kurven an den Oberarmen und an den Knöcheln gemessen werden [111, 185]. Aus den Ankunftszeiten der Pulswelle lassen sich Rückschlüsse auf die Arteriensteifigkeit und eventuelle Gefäßverschlüsse ziehen. Anstatt der Verwendung von Blutdruckmanschetten ist es auch denkbar, die Pulswellen mittels der Impedanzplethysmographie aufzuzeichnen. Da die Impedanzwerte nicht in absolute Drücke umgerechnet werden können, könnten ausschließlich die zeitlichen Verhältnisse als Informationsquelle dienen. Der vorgeschlagene Messansatz, bzw. die Platzierung der Messelektroden, ist in Abbildung 4.37 gezeigt. Die inneren Spannungselektroden haben jeweils einen Abstand von 5 cm. Durchgeführt wurde die Messung mit Messströmen von $I_M = 750\ \mu A$ unter Verwendung der entsprechenden Frequenzen zur Kanalseparation. Anschließend wurden die Signale mit einem FIR-Tiefpass ($f_{pass} = 20$ Hz, $f_{stop} = 40$ Hz) der Ordnung $N = 20$ gefiltert. Zur Entfernung der Gleichanteile und niederfrequenter Störungen wurde anschlie-ßend ein Infinite Impulse Response (IIR)-Hochpass ($N = 1$, $f_c = 1$ Hz) in Form eines Nullphasenfilters auf die Signale angewandt. In Abbildung 4.38 sind die resultierenden Signale dargestellt, wobei diese zur besseren Darstellung invertiert und mit Offsets versehen wurden. Zum vereinfachten zeitlichen Vergleichen markieren die beiden senkrechten grauen Linien jeweils den Beginn der Pulswellen an den Oberarmen (linke Linie) bzw. an den Knöcheln (rechte Linie).

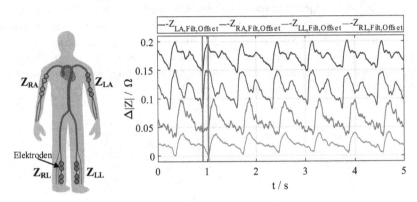

Abbildung 4.37 Aufbau der 4-Kanal-Messung

Abbildung 4.38 Messergebnisse der Impedanzplethysmographie an den Extremitäten

In den dargestellten Signalen sind die charakteristischen Pulswellen-Signalformen gut erkennbar. Der zeitliche Versatz zwischen den Pulswellen vom Oberarm und denen an den Knöcheln abgeleiteten beträgt ca. 120 ms. Unter Berücksichtigung realistischer Pulswellengeschwindigkeiten und den Abständen der Messorte zum Herzen ist dieser Wert plausibel (siehe Abschnitt 2.2.2). Neben dem zeitlichen Vergleich ist auch eine Betrachtung der Pulswellen-Signalformen sinnvoll. So ist denkbar, dass auch diese bei Gefäßverschlüssen Veränderungen aufweist.

4.6.2 Bestimmung der aortalen Pulswellengeschwindigkeit und des aortalen Frequenzgangs

Die aortale Pulswellengeschwindigkeit gilt als eine der aussagekräftigsten Messgrößen zur Charakterisierung des Zustands des Arteriensystems [111, 173]. Wie in Abschnitt 2.2 beschrieben, liegt das Problem aktueller Messverfahren in der schwierigen Zugänglichkeit der Aorta mittels Drucksensoren. Der in diesem Abschnitt vorgestellte neue Messansatz nutzt das Verfahren der Bioimpedanz, um die Pulswelle sowohl am Anfang als auch am Ende der Aorta aufzuzeichnen. Dazu werden zwei simultane Messungen am Probanden durchgeführt. Wie in Abbildung 4.39 gezeigt, wird der Start der Pulswelle mittels Bestimmung von Z_A oberhalb des Aortenbogens bestimmt. Nach Durchlaufen der Aorta, wird die Pulswelle auf Höhe der *Arteria iliaca communis*, einem der abgehenden Hauptäste der aortalen Endlaufzweige, abgenommen. Dazu werden die Elektroden, wie abgebildet, im Bereich der Leiste platziert und Z_L abgeleitet.

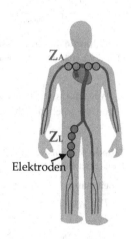

Abbildung 4.39 Messaufbau zur Bestimmung der aortalen Pulswellengeschwindigkeit mittels 2-kanaliger Impedanzplethysmographie

Diese Messung wurde an drei männlichen Probanden im Alter zwischen 27–32 Jahren für eine Dauer von jeweils 10 s durchgeführt. Die Signale wurden anschließend mit einem Infinite Impulse Response IIR-Tiefpass ($N = 1$, $f_c = 15$ Hz) und einem IIR-Hochpass ($N = 2$, $f_c = 0,3$ Hz) unter Verwendung von Nullphasenfiltern gefiltert. Für die Dauer von ca. fünf Pulswellen sind die gemessenen Signale in Abbildung 4.40 invertiert und normiert dargestellt. In den oberen Plots sind jeweils die vom Aortenbogen abgenommenen Signale dargestellt und in den unteren die von der Leiste abgenommenen. Zusätzlich sind die häufig verwendeten Punkte zur Bestimmung der Pulswellenlaufzeiten markiert (siehe Abschnitt 2.2.2).

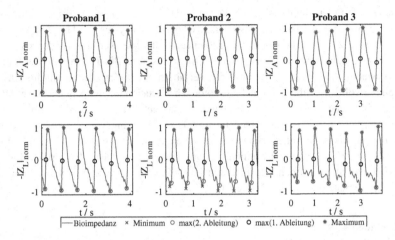

Abbildung 4.40 Ergebnisse der Bioimpedanzmessungen oberhalb des Aortenbogens und über der Leiste an drei Probanden

Werden diese Punkte zur Bestimmung der Pulswellenlaufzeiten PTT herangezogen, so ergeben sich die in Tabelle 4.7 eingetragenen Werte.

Tabelle 4.7 Pulswellenlaufzeiten unter Verwendung unterschiedlicher charakteristischer Punkte der Pulswellen

Zeitspanne	Proband 1	Proband 2	Proband 3
PTT_{Min}/ms	91	29	46
$PTT_{max(2.Abl.)}/ms$	88	80	38
$PTT_{max(1.Abl.)}/ms$	38	18	2
PTT_{Max}/ms	15	33	−60

Die in Tabelle 4.7 ermittelten Werte variieren je nach verwendeten charakteristischen Punkten und unterhalb der Probanden signifikant. Lediglich die Verwendung der maximalen zweiten Ableitungen scheint für die Probanden 1 und 2 gleichermaßen zu realistischen Laufzeiten zu führen. Die anderen Werte in der Tabelle sind im Vergleich mit anderen Publikationen unrealistisch, insbesondere bei Proband 3, wo sogar eine negative Laufzeit berechnet wurde [101]. Die Form der Pulswellen-Signale scheint beim Durchlaufen der Aorta so sehr beeinflusst zu werden, dass diese Verfahren nicht immer zu sinnvollen Ergebnissen führen.

Da jedoch, unter Verwendung des vorgestellten Messaufbaus, sowohl das Eingangssignal als auch das Ausgangssignal der Aorta bestimmt werden kann, ist es möglich, aus den Signalen Rückschlüsse auf den Frequenzgang der Aorta zu ziehen. Dazu wird vorausgesetzt, dass sich die Aorta wie ein lineares zeitinvariantes System (engl. Linear Time-Invariant (LTI)) verhält. Das nicht frei bestimmbare, sondern vom Herzen vorgegebene Eingangssignal des unbekannten Systems und die Abweichungen von einem idealen System führen dazu, dass der Frequenzgang nicht durch Messung der Impuls- oder Sprungantwort bestimmt werden kann. Stattdessen wird ein Modell der Aorta genutzt und die Unbekannten werden angenähert.

In Anlehnung an Modellierungen aus der Literatur wird für die Aorta das elektrische Ersatzschaltbild in Abbildung 4.41 genutzt [97, 125]. Es bildet den Dämpfungscharakter der Aorta als belasteten Tiefpass zweiter Ordnung nach.

Abbildung 4.41 Elektrisches Ersatzschaltbild der Aorta

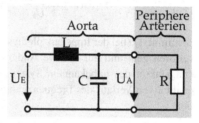

In diesem Model korrespondieren die elektrischen Parameter zu den mechanischen Eigenschaften gemäß Tabelle 4.8 [125]. Es ist zu beachten, dass in der Modellierung der Massenträgheit die Dichte des Blutes und der Arterienquerschnitt eingehen.

Tabelle 4.8 Zusammenhänge zwischen elektrischen Modellparametern und den mechanischen Parametern, basierend auf [125]

Symbol	Elektr. Parameter	Elektr. Einheit	Mech. Parameter	Mech. Einheit
U	Spannung	V	Druck	Pa
I	Strom	A	Volumenfluss	$\frac{m^3}{s}$
R	Widerstand	Ω	Strömungswiderstand	$\frac{Pa}{m^3/s}$
L	Induktivität	H	Massenträgheit	$\frac{kg}{m^4}$
C	Kapazität	F	Fähigkeit, Blutvol. zu speichern	$\frac{m^3}{Pa}$
Q	Ladung	As	Herzschlagvolumen	m^3

Der komplexe Frequenzgang des Systems ist durch

$$H_{TP2}(j\omega) = \frac{U_A(j\omega)}{U_E(j\omega)} = \frac{R}{R + j\omega L + (j\omega)^2 RLC} \qquad (4.40)$$

bestimmt. Da bei der Impedanzplethysmographie die Information der Absolutwerte verloren geht und nur relative Änderungen gemessen werden, kann der Verstärkungsfaktor des unbekannten Systems nicht ermittelt werden. Um dennoch den qualitativen Verlauf des Frequenzgangs bestimmen zu können, wird die Substitution

$$a_1 := \frac{L}{R} \qquad a_2 := LC \qquad (4.41)$$

verwendet. Der Frequenzgang kann somit bis auf einen unbekannten Verstärkungsfaktor durch Bestimmung von a_1 und a_2 gemäß

$$H_{TP2}(j\omega) = \frac{1}{1 + j\omega a_1 + (j\omega)^2 a_2} \qquad (4.42)$$

angenähert werden. Zur Bestimmung von a_1 und a_2 wird der in Abbildung 4.42 dargestellte Algorithmus genutzt. $|Z_A|$ wird als Eingangssignal des unbekannten Systems h_{Aorta} interpretiert, während die im Bereich der Leiste gemessene Impedanz $|Z_L|$ dem tatsächlichen Ausgangssignal entspricht. Das Eingangssignal durchläuft auch den modellierenden Tiefpass zweiter Ordnung h_{TP2}. Für vorgegebene Wertebereiche werden a_1 und a_2 variiert und die so simulierten Ausgangssignale $|Z_{L,sim}|$

mit $|Z_L|$ verglichen. Die auftretenden Differenzen der Ausgangssignale in Abhängigkeit der Koeffizienten a_1 und a_2 werden in einer Fehlermatrix A_{error} gespeichert.

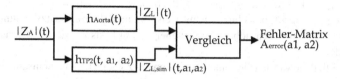

Abbildung 4.42 Blockschaltbild des Algorithmus zur Annäherung des aortalen Frequenzgangs

Um die beste Kombination dieser Koeffizienten zu finden, wird die Kombination gesucht, die zur geringsten Abweichung zwischen Modell und Realität führt. Dazu werden die Fehlerquadrate der Subtraktion von $|Z_L|$ und $|Z_{L,sim}|$ aufsummiert. In Abbildung 4.43 sind die resultierenden Fehlermatrizen für die zuvor gezeigten drei Probandenmessungen grafisch dargestellt. Gesucht werden müssen jeweils die dunkelblau gefärbten Minima. Bei den Probanden 1 und 2 sind diese Minima gut zu finden. Im Plot zu Proband 3 existieren jedoch mehrere lokale Minima mit ähnlich niedrigen Werten.

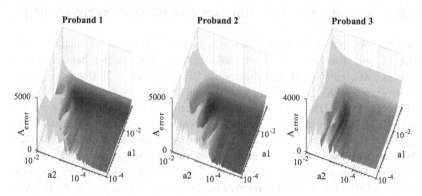

Abbildung 4.43 Grafisch dargestellte Fehlermatrizen der drei Probandenmessungen

Die zu den ermittelten Koeffizienten normierten Amplitudengänge, Phasengänge und Gruppenlaufzeiten sind in Abbildung 4.44 geplottet. Da das Tiefpassverhalten in diesem Ansatz vorgegeben ist, unterscheiden sich die Systeme ausschließlich hinsichtlich ihrer Grenzfrequenz f_c und des Gütefaktors Q. Dieser repräsentiert die Schwingfähigkeit des Systems und ist somit verknüpft mit der Steifigkeit der Aorta. Für die gezeigten Messungen wurden diese Parameter zu $f_{c,\text{Proband1}} = 4,78\,\text{Hz}$, $f_{c,\text{Proband2}} = 4,76\,\text{Hz}$, $f_{c,\text{Proband3}} = 5,25\,\text{Hz}$ bzw. $Q_{\text{Proband1}} = 1,9$, $Q_{\text{Proband2}} = 2,6$, $Q_{\text{Proband3}} = 5,9$ berechnet. Damit weist die modellierte Ersatzschaltung von Proband 3 eine deutlich höhere Schwingneigung auf, als die der beiden anderen Probanden.

Abschließend werden die gemessenen Signale $|Z_A|$ und $|Z_L|$ gemeinsam mit dem Ausgangssignal des Modells $|Z_{L,\text{sim}}|$ in Abbildung 4.45 im Zeitbereich gezeigt. In dieser Darstellung lässt sich beim Probanden 3 eine deutlich stärkere Abweichung des simulierten Ausgangssignals gegenüber dem tatsächlichen erkennen als es bei den anderen beiden Probandenmessungen der Fall ist. Das starke Schwingen des Modells ist dem hohen bestimmten Gütefaktor zuzuschreiben.

Der gezeigte Messansatz erweist sich somit als vielversprechend, zeigt aber auch Probleme auf. So könnte die Modellierung der Aorta als Tiefpass zweiter Ordnung zu einfach sein. Insbesondere die an der Aortenbifurkation auftretenden Reflexionen können die Pulswellen-Signalform beeinflussen. Mit ihnen wären auch die in Abbildung 4.40 gezeigten zeitlichen Verhältnisse der Pulswellen-Maxima, insbesondere von Proband 3, begründbar.

4.6.3 Bestimmung der zeitlichen Verhältnisse des Herzschlags

Von der Aktivität des Herzens lassen sich zahlreiche Signale mittels unterschiedlicher physikalischer Messverfahren ableiten. Beim bekanntesten handelt es sich um das EKG, der Messung von elektrischen Herzaktivitäten [12]. Unter der Phonokardiographie (PKG) versteht man das Aufzeichnen des Herzschalls mittels eines Mikrofons [190]. Das dritte häufig genutzte Verfahren ist die Impedanzkardiographie (IKG), bei der die Änderungen der Bioimpedanz während der Herzschläge über den Thorax gemessen werden [100]. Dabei enthalten nicht nur die einzelnen Messverfahren selbst, sondern auch deren zeitlichen Bezüge zueinander, nützliche Informationen, wie beispielsweise die Präejektionsperiode (engl. Pre-Ejection Period (PEP)), welche dem Zeitraum zwischen elektrischer Herzanregung und dem tatsächlichen Blutausstoß entspricht [87].

Wie in Abbildung 4.46 gezeigt, wurden für die folgende Messung diese drei Messverfahren simultan an einem Probanden durchgeführt. Dazu wurde das zuvor beschriebene Plethysmographie-Messsystem unter Verwendung der zusätzlich implementierten Sensorik genutzt. Vorherige Messungen haben gezeigt, dass die Synchronizität der genutzten Messverfahren untereinander besser als 10 ms ist. Da weder

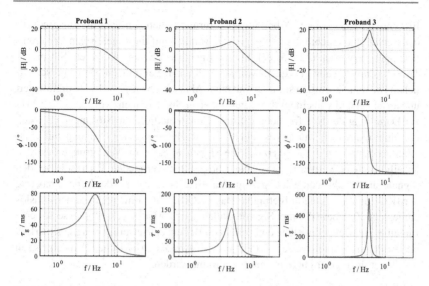

Abbildung 4.44 Amplitudengänge, Phasengänge und Gruppenlaufzeiten der bestimmten Modelle

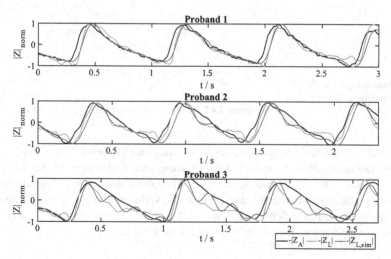

Abbildung 4.45 Gemessene Signale im Vergleich mit den Ausgangssignalen der ermittelten Modelle

EKG noch PKG in dieser Arbeit im Vordergrund stehen, wird auf die entsprechenden Schaltungen nicht näher eingegangen, sondern auf die zugehörigen Veröffentlichungen verwiesen [72, 75, 77]. Für die Impedanzmessung wurde ein Strom von
$I_M = 0,3$ mA mit einer Frequenz von $f_M = 200$ kHz gewählt. Die drei unterschiedlichen Biosignale wurden simultan mit einer Abtastrate von $f_s = 1$ kHz digitalisiert
und anschließend von einem Kerbfilter mit einer Sperrfrequenz von $f_{Sperr} = 50$ Hz
zur Dämpfung der Netzfrequenz gefiltert. Zur Reduktion von Störungen oberhalb
der Nutzfrequenzen wurde zusätzlich ein IIR-Tiefpass erster Ordnung mit einer
Grenzfrequenz von $f_c = 20$ Hz auf die Signale angewandt. Verzerrungen wurden
jeweils durch die Verwendung von Nullphasenfiltern vermieden. Die resultierenden
Signale sind in Abbildung 4.47 gezeigt. Das EKG ist in mV und der Impedanzbetrag
der IKG-Messung in Ω aufgetragen. Das PKG-Signal ist hingegen dimensionslos
dargestellt. Zu jedem der drei Signale sind in gleicher Farbe gestrichelte senkrechte
Linien eingezeichnet, welche den zeitlichen Beginn des jeweiligen Signals markieren. So kann beispielsweise die PEP aus den Abständen zwischen den schwarzen
und den grünen gestrichelten Linien bestimmt werden.

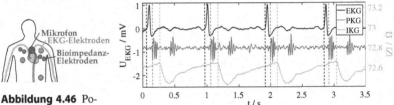

Abbildung 4.46 Po-
sitionierung der Senso-
ren

Abbildung 4.47 Simultan aufgezeichnete Signale vom Herzen

Neben zeitlichen Ereignissen oder Verzögerungen zwischen den Signalen, wie
der Pre-Ejection-Period, sind bei dieser Messung auch Änderungen der Signalformen vergleichbar. Da die Bioimpedanz von Blutvolumenänderung im betrachteten
Gewebe abhängt und somit mit dem Blutdruck in Verbindung steht, ist denkbar dass
auch dessen zeitlichen Schwankungen abbildbar sind. Dies könnte bei der Analyse
von Extrasystolen und weiteren Anomalien hilfreich sein.

4.6.4 Simultane Impedanz- und Elektromyographie

Die Detektion von Muskelkontraktionen ist, wie in Kapitel 2 beschrieben, sowohl mittels der häufig verwendeten Elektromyographie, als auch mittels elektrischer Impedanzmyographie möglich. Bei ersterer handelt es sich um die Erfassung elektrische Signale, die vom kontrahierenden Muskel ausgehen. Bei der EIM handelt es sich hingegen um ein aktives elektrisches Verfahren, bei dem die Änderungen der passiven elektrischen Gewebeeigenschaften mittels externer Energiezufuhr detektiert werden [133]. Da der physiologische Signalursprung beider Signale unterschiedlich ist, ist eine simultane Messung der beiden nicht nur zur Erzeugung von Redundanz zur Erhöhung der Störsicherheit von Interesse. Es ist denkbar, dass auch zusätzliche Informationen bezüglich der Muskelkontraktion bestimmt werden können.

Die Tatsache, dass sich die Nutzinformationen beider Verfahren in der gemessenen elektrischen Spannung befinden, spricht für eine gemeinsame Auswertung. Zwar befinden sich die Bioimpedanzsignale wegen des Anregungssignals in deutlich höheren Frequenzbereichen als die EMG-Signale, nach der Demodulation sind sie jedoch in ähnlich niedrigen Frequenzbereichen. In Abbildung 4.48 ist das Betragsspektrum illustriert, wie es nach der Spannungsmessung von U_M vor der Demodulation auftritt. Das EMG-Band liegt zwischen $f_{EMG,min}$ und $f_{EMG,max}$. Das Band, welches durch die Bioimpedanzmessung auftritt, liegt symmetrisch um die Trägerfrequenz f_T. Da die Bioimpedanzänderungen insbesondere bei Muskelkontraktionen nur sehr niederfrequent ($f_{Z,max} < f_{EMG,min}$) sind, ist nach der Demodulation keine Überschneidung der Spektren zu erwarten. Neben dem Vorteil, mit einem gemeinsamen Satz Elektroden und Messleitungen auszukommen, wird nur ein gemeinsamer ADC-Kanal für die Digitalisierung beider Signale benötigt.

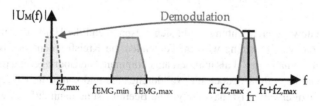

Abbildung 4.48 Betragsspektrum des erfassten Spannungssignals, bestehend aus Anteilen der Bioimpedanzmessung und dem Spektrum des EMG-Signals

Die Vollweggleichrichtung des Plethysmographie-Messsystems schaltet kontinuierlich zwischen Eingangssignal und dessen Invertierte um. Das führt dazu, dass geringe überlagerte Gleichanteile oder niederfrequente Störungen des Eingangssignals sich im Mittel über die Zeit nahezu aufheben. Wegen dieses Hochpass-Charakters werden auch überlagerte EMG-Signalanteile gedämpft. Daher ist der Ansatz dieses Messverfahrens die Verwendung eines Halbweg-Gleichrichters. Die Auswirkungen der gewählten Gleichrichtertopologie auf die additiv überlagerten Signale werden im Folgenden näher analysiert. Zur Vereinfachung werden nicht die Bänder der betrachteten Signale, sondern nur einzelne Frequenzen angenommen:

$$EMG - Signal : u_E(t) = \hat{u}_E \cdot \sin(\omega_E t) \tag{4.43}$$

$$Bioimpedanz - Signal : u_B(t) = \hat{u}_B \cdot \sin(\omega_B t) \tag{4.44}$$

Typischerweise befindet sich der Frequenzbereich des EMG-Signals deutlich unter dem der Bioimpedanzmessung. Zudem führt die Wahl hoher zulässiger Bioimpedanz-Messströme zu einem vielfach höheren Spannungsabfall über dem Gewebe als das EMG-Signal. Somit gilt

$$\omega_E \ll \omega_B \quad und \quad \hat{u}_E = \frac{1}{\alpha}\hat{u}_B \quad mit \quad \alpha \gg 1. \tag{4.45}$$

Wird $u_B(t)$, wie in Abbildung 4.49, Vollweg-gleichgerichtet, so liegen die Umschaltzeitpunkte mit Abständen von $n\pi$ ($n \in \mathbb{Z}$) äquidistant voneinander entfernt und die Fläche $A_{|u_B(t)|}$ unter dem Signal, welche dem Nutzsignal entspricht, berechnet sich für die Periodendauer des Bioimpedanz-Signals zu

$$A_{|u_B(t)|} = 2\int_0^\pi \hat{u}_B \cdot \sin(\omega_B t)dt = 4\frac{\hat{u}_B}{\omega_B}. \tag{4.46}$$

Bei der Halbweggleichrichtung ergibt sich entsprechend die Hälfte dieser Fläche. Zur weiteren Vereinfachung wird im Folgenden die Kreisfrequenz des Bioimpedanzsignals gemäß $\omega_B = 1$ als normiert angenommen. Die Überlagerung mit einem EMG-Signal beeinflusst jedoch die Nulldurchgänge und somit die Umschaltzeitpunkte. Da zu erwarten ist, dass die größte Beeinflussung dann auftritt, wenn das EMG-Signal seine Amplitude erreicht, kann vereinfacht angenommen werden, dass es sich um eine Überlagerung mit einer Gleichspannung handelt. Im Folgenden wird daher vereinfacht

$$u_E(t) = \frac{1}{\alpha}\hat{u}_B = \text{const.} \tag{4.47}$$

angenommen. Das resultierende Signal nach der Vollweg-Gleichrichtung ist ebenfalls in Abbildung 4.49 dargestellt. Um den Einfluss von α auf das Messergebnis während der EMG-Signalmaxima abzuschätzen, wird die resultierende Fläche unter $A_{|u_B(t)+\hat{u}_B/\alpha|}$ bestimmt.

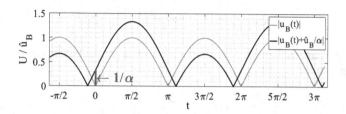

Abbildung 4.49 Gleichrichtung eines Sinus-Signals ohne und mit einem Offset

Wegen der um $1/\alpha$ positiven und negativen Verschiebungen der gleichgerichteten Halbwellen, verschieben sich die Nullpunkte gegenüber denen von $|u_B(t)|$ um $\pm\arcsin\left(\frac{1}{\alpha}\right)$. Die Fläche ist somit

$$A_{|u_B(t)+\hat{u}_B/\alpha|} = \int_{-\arcsin(\frac{1}{\alpha})}^{\pi+\arcsin(\frac{1}{\alpha})}\left(\hat{u}_B\cdot\sin(t)+\frac{1}{\alpha}\hat{u}_B\right)dt + \int_{\pi+\arcsin(\frac{1}{\alpha})}^{2\pi-\arcsin(\frac{1}{\alpha})}\left(-\hat{u}_B\cdot\sin(t)-\frac{1}{\alpha}\hat{u}_B\right)dt, \tag{4.48}$$

was sich nach Lösen und Einsetzen der Integralgrenzen unter Verwendung des Additionstheorems [152]

$$\cos(x \pm y) = \cos(x)\cdot\cos(y) \mp \sin(x)\cdot\sin(y) \tag{4.49}$$

vereinfachen lässt zu

$$A_{|u_B(t)+\hat{u}_B/\alpha|} = 4\cdot\hat{u}_B\left[\cos\left(\arcsin\left(\frac{1}{\alpha}\right)\right)+\frac{1}{\alpha}\arcsin\left(\frac{1}{\alpha}\right)\right]. \tag{4.50}$$

Da die Taylorreihe der arcsin-Funktion, entwickelt an der Stelle $x = 0$

$$\arcsin(x) = x + \frac{x^3}{6} + \frac{3\cdot x^5}{40} + \dots \tag{4.51}$$

lautet, wirken sich wegen der zuvor getroffenen Annahmen die höheren Potenzen kaum aus und es gilt

$$\arcsin\left(\frac{1}{\alpha}\right) \approx \frac{1}{\alpha} \ |_{\alpha \gg 1}. \tag{4.52}$$

Damit ergibt sich

$$A_{|u_B(t)+\hat{u}_B/\alpha|} \approx 4 \cdot \hat{u}_B \left(\cos\left(\frac{1}{\alpha}\right) + \frac{1}{\alpha^2}\right). \tag{4.53}$$

Weiterhin kann auch die Kosinusfunktion wegen deren Taylorentwicklung an der Stelle $x = 0$

$$\cos(x) = 1 - \frac{x^2}{2} + \frac{x^4}{24} - \dots \tag{4.54}$$

zu

$$\cos\left(\frac{1}{\alpha}\right) \approx 1 - \frac{1}{2 \cdot \alpha^2} \ |_{\alpha \gg 1} \tag{4.55}$$

vereinfacht werden. Somit ergibt sich als Fläche

$$A_{|u_B(t)+\hat{u}_B/\alpha|} \approx 4 \cdot \hat{u}_B \left(1 + \frac{1}{2\alpha^2}\right). \tag{4.56}$$

Das bedeutet, dass sich das Nutzsignal um den relativen Faktor

$$f_{Vollweg,rel.} \approx \frac{1}{2\alpha^2} \tag{4.57}$$

unter Einfluss des EMG-Signals bei Verwendung der Vollweg-Gleichrichtung ändert. Solange die Spannungsamplituden des EMG-Signals vielfach kleiner sind als die der Bioimpedanzmessung, wirken sich diese somit nahezu nicht auf das Messergebnis aus.

Wird hingegen nur eine Halbweg-Gleichrichtung verwendet, so geht nur eines der summierten Integrale aus Gleichung 4.48 in das Ergebnis ein, was zu einer Fläche von

$$A_{|u_B(t)+\hat{u}_B/\alpha|,HW} = 2 \cdot \hat{u}_B \left[\cos\left(\arcsin\left(\frac{1}{\alpha}\right) \right) + \frac{1}{\alpha}\arcsin\left(\frac{1}{\alpha}\right) \right] + \frac{\pi}{\alpha}\hat{u}_B \quad (4.58)$$

führt. Analog zur Vollweg-Gleichrichtung lässt sich zeigen, dass die Näherung

$$A_{|u_B(t)+\hat{u}_B/\alpha|HW} \approx 2 \cdot \hat{u}_B \left(1 + \frac{1}{2\alpha^2} + \frac{\pi}{2\alpha} \right) \quad (4.59)$$

gilt. Es entsteht also im Vergleich zur Vollweggleichrichtung ein zusätzlicher linearer Anteil, welcher bei großem α dominant wird und zu

$$A_{|u_B(t)+\hat{u}_B/\alpha|HW} \approx 2 \cdot \hat{u}_B \left(1 + \frac{\pi}{2\alpha} \right) \quad |_{\alpha \gg 1} \quad (4.60)$$

führt. Das Nutzsignal wird somit bei Verwendung einer Halbweggleichrichtung um den relativen Faktor

$$f_{Halbweg,rel.} \approx \frac{\pi}{2\alpha} \quad (4.61)$$

vom additiv überlagerten EMG-Signal beeinflusst. Das entspricht bei Gültigkeit der getroffenen Vereinfachungen einer linearen Überlagerung beider Signalanteile. Dieser Effekt soll bei der folgenden Messung ausgenutzt werden.

Zur Messung von Muskelkontraktionen mit dem Plethysmographie-Messsystem wurde die Gleichrichterschaltung zu einem Halbweggleichrichter modifiziert. Es wurde eine 7-sekündige Bioimpedanzmessung am Unterarm eines Probanden, gemäß Abbildung 4.50a, mit einem Messstrom von $I_M = 1,5$ mA bei $f_M = 50$ kHz durchgeführt. Um auch die niederfrequenten EMG-Signale erfassen zu können, wurde der Filter zur Kanalseparation deaktiviert. Der Proband kontrahierte jeweils nach 1 s und nach 4 s den *Musculus flexor pollicis longus* für ca. 1,5 s. Nach Aufnahme des Signals durchlief dieses zur Reduktion von Störungen zunächst einen Kerbfilter ($f_{Sperr} = 50$ Hz, Nullphasenfilter) und einen FIR-Tiefpass ($f_{pass} = 100$ Hz, $f_{stop} = 150$ Hz, $N = 200$). Zur Extraktion der niederfrequenten Bioimpedanz-Informationen wurde das Signal erneut mit einem FIR-Tiefpass ($f_{pass} = 5$ Hz, $f_{stop} = 30$ Hz, $N = 200$) gefiltert. Entsprechend wurde zur Extraktion des EMG-Signals ein FIR-Hochpass ($f_{stop} = 30$ Hz, $f_{pass} = 45$ Hz, $N = 200$) verwendet. Die Ausgangssignale sind in Abbildung 4.50b gezeigt. Die typischen Signalformen des EMGs und der EIM sind während der beiden Kontraktionen zu erkennen. Da für diese Messung ein Messstrom von $I_M = 1,5$ mA verwendet wurde, ergibt sich in diesem Beispiel ein Amplitudenunterschied zwischen den

beiden Spannungssignalen um den Faktor $\alpha \approx 100$, womit die zuvor genannten
Bedingungen für diesen Messansatz erfüllt sind.

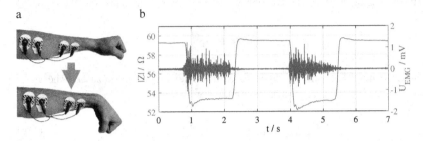

Abbildung 4.50 (a) Elek- trodenplatzierung und durchgeführte Bewegung (b) Aus dem
Spannungssignal nach Halbweg-Gleichrichtung extrahierte Signalanteile des EMGs und der
Bioimpedanzmessung

Denkbare Anwendungen dieses Messverfahrens sind sowohl die Steuerung von
Prothesen und Orthesen als auch die Überwachung der Zwerchfellaktivitäten. Ein
Nachteil des Verfahrens ist, dass die Störunterdrückungs-Charakteristik der Vollweggleichrichtung verloren geht. Des Weiteren beruht das Verfahren darauf, dass
die Amplitude des EMG-Signals deutlich geringer ist als die der Bioimpedanzmessung. Daher steht in dieser Umsetzung dem EMG-Signal nur ein geringer Teil
der ADC-Auflösung zur Verfügung. Da für die Impedanzplethysmographie, für die
das Messsystem vorgesehen ist, ausschließlich der Betrag der Bioimpedanz von
Interesse ist, können mit diesem Messverfahren auch keine eventuellen Änderungen der Impedanzphasen während der Muskelkontraktionen festgestellt werden.
Zudem deaktiviert die gezeigte Modifikation des Plethysmographie-Messsystems
die Filter zur Kanalseparation. Somit sind keine Mehrkanalmessungen möglich. Die
Möglichkeit der simultanen Messung von Bioimpedanz und EMG motiviert aber
für ein problemspezifisches Messsystem. Dieses wird im Kapitel 5 vorgestellt.

4.7   Abschließende Beurteilung

Das entwickelte Plethysmographie-Messsystem erfüllt die zu Beginn des Kapitels
aufgestellten Anforderungen und übertrifft diese in vielen Bereichen. Mit einer
zeitlichen Auflösung von 1000 Impedanzen/s je Messkanal ist das System auch
in der Lage, deutlich höherfrequente Impedanzänderungen zu detektieren, als sie
bei der Plethysmographie auftreten. Sowohl die geforderten maximalen systema-

tischen Messabweichungen als auch die Messunsicherheiten werden, wie in der Systemcharakterisierung dargestellt, signifikant unterschritten. Im Messbereich von 10...1000 Ω, der für Bioimpedanzen typisch ist, wurden Variationskoeffizienten zwischen 18 ppm und 29 ppm ermittelt, wodurch die problemlose Aufzeichnung der arteriellen Pulswelle sichergestellt ist. Im Rahmen der Analyse des transienten Verhaltens konnte gezeigt werden, dass die Dauer der Sprungantworten aller Messkanäle ca. 3 ms beträgt und somit Einflüsse auf die Nutzsignale vernachlässigt werden können.

Probandenmessungen mit dem entwickelten System zeigen erstmals hochaufgelöst die simultane Impedanzplethysmographie an allen vier Extremitäten. Zudem wurde ein neuer Messansatz vorgestellt, mit dem simultan und nicht-invasiv die arterielle Pulswelle dicht am Aortenbogen und bei Austritt aus der Aorta in die Beinarterien detektiert werden kann. Aus diesen beiden Pulswellen-Signalen lassen sich Rückschlüsse auf die physikalischen Eigenschaften der Aorta ziehen. Eine weitere vorgestellte Anwendung des Messsystems ist die Messung von zeitlichen Abläufen des Herzschlags unter Verwendung eines zusätzlichen Mikrofon- und EKG-Verstärkers. Abschließend wurde eine Modifikation der Messschaltung vorgestellt, mit der es neben der Detektion von Muskelkontraktionen via Bioimpedanzmessungen möglich ist, die korrespondierenden EMG-Signale mit selber Messschaltung simultan aufzuzeichnen.

Mit dem vorgestellten Messsystem sind viele weitere neue Messansätze zur zeitaufgelösten Messung physiologischer Ereignisse möglich. Um den Rahmen dieser Arbeit jedoch zu begrenzen, wurde nur eine Auswahl vorgestellt.

Myographie-Messsystem 5

Insbesondere in der Prothetik wird das EMG zur Detektion von Muskelkontraktionen genutzt, um diese in entsprechende Steuerbefehle an die Prothese zu übersetzen [16]. Um die Risiken fehlerhafter Prothesenbewegungen möglichst gering zu halten, ist eine hohe Zuverlässigkeit der Signalerkennung und -Interpretation daher äußerst wichtig. Wie in Abschnitt 2.3.2 beschrieben, führen Bewegungsartefakte an den EMG-Elektroden jedoch zu Variationen der Halbzellenspannungen. Diese auftretenden Störsignale liegen wiederum im selben Frequenzbereich wie das Nutzsignal [32]. Da beide Signale einen stochastischen Charakter aufweisen, können sie kaum voneinander unterschieden werden.

Der Ansatz der EIM hingegen bringt die messtechnischen Vorteile der Bioimpedanzmessung mit. Diese nutzt einen deutlich höheren Frequenzbereich als das EMG-Signal und die Frequenz des anregenden Messstroms ist bekannt. Daher kann leicht zwischen Nutz- und Störsignalen unterschieden werden. Mit den positiven Erfahrungen der in Abschnitt 4.6.4 vorgestellten Messmethode wird in diesem Kapitel ein problemspezifisches Messsystem zur simultanen Aufzeichnung von EMG und EIM entwickelt. Zusätzlich zu der bereits gezeigten Messung von Impedanzbetrag und EMG-Signal, soll auch die Phase der Bioimpedanz simultan am selben Messort bestimmt werden, um so eine weitere Information über den Muskelzustand zu erhalten. Ein Messaufbau, der in der Lage ist, simultan am selben Messort EMG- und komplexe EIM-Signale zu erfassen, konnte in der Literatur trotz umfangreicher Recherche nicht gefunden werden.

Das behandelte Messproblem ist in Abbildung 5.1 vereinfacht dargestellt. Die Spannungsquelle U_{EMG} liegt in diesem Modell seriell zur Bioimpedanz. Diese Quelle bildet den im Messaufbau wirkenden Anteil der EMG-Quelle nach. Die über die Spannungselektroden gemessene Potentialdifferenz U_M wird in zwei unterschiedlichen Signalpfaden verarbeitet. Im oberen Pfad wird das Signal verstärkt und mittels Filterung (BP_{EMG}) der Signalanteil des EMGs extrahiert. Im unteren Pfad

R. Kusche, *Mehrkanal-Bioimpedanz-Instrumentierung*,
https://doi.org/10.1007/978-3-658-31470-5_5

werden die hochfrequenten Signalanteile der Bioimpedanzmessung aus dem verstärkten Mischsignal gefiltert. Anschließend werden mittels Demodulation sowohl der Betrag als auch die Phaseninformation der Bioimpedanz bestimmt.

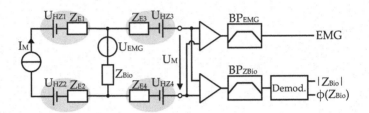

Abbildung 5.1 Ansatz zur simultanen Messung von EMG- und EIM-Signalen

Die Struktur dieses Kapitels ähnelt der von Kapitel 4, wobei im Folgenden an einigen Stellen Kapitel 4 als bekannt vorausgesetzt wird. Der Schwerpunkt liegt an dieser Stelle daher stärker auf den Unterschieden gegenüber dem zuvor vorgestellten IPG-Messsystem. Begonnen wird mit der Systementwicklung, gefolgt von der Charakterisierung. Anschließend werden neue Messansätze und zugehörige Probandenmessungen vorgestellt.

5.1   Technische Anforderungen

Die technischen Anforderungen zielen auf die Anwendung des Messsystems zur Steuerung von Hand- bzw. Unterarmprothesen, für die die Muskulatur im Unterarm das Messobjekt darstellen. Während kommerzielle Handprothesen in der Regel lediglich zwei EMG-Messkanäle nutzen, werden in der Forschung häufig bis zu acht Kanäle gemessen [16, 38, 95]. Da wegen der Bioimpedanzmessung jeweils vier Elektroden benötigt würden, wären für diese Anzahl an Messkanälen insgesamt 32 Elektroden am Unterarm notwendig. Weil dies zunächst als impraktikabel angesehen wird, soll das Messsystem, wie auch das IPG-System, vier Messkanäle zur Verfügung stellen. Dadurch, dass jeder dieser Kanäle Impedanzbetrag, -Phase und EMG messen soll, ergeben sich insgesamt 12 simultan aufzuzeichnende Messsignale. Zur Ermöglichung von zukünftigen Anpassungen der Kanalanzahl, soll das System modular aufgebaut sein.

Um alle 12 Messsignale zeitlich einander zuordnen zu können und Fehlinterpretationen aufgrund von Asynchronizitäten zwischen den Signalen auszuschließen, sollen die Verzögerungen aller Kanäle des Gesamtsystems zueinander nicht über $\Delta t_{max} = 10$ ms sein.

Die Frequenzen der Nutzsignale betragen für das EMG typischerweise ≤ 500 Hz, wobei aus der Literatur ersichtlich ist, dass zur Detektion von Muskelkontraktionen die Betrachtung von EMG-Signalanteilen von bis zu 100 Hz hinreichend ist [161]. Daher wird als minimal aufzuzeichnender EMG-Frequenzbereich 10...100 Hz festgelegt. Die Amplituden eines Oberflächen-EMGs betragen laut Literatur bis zu 10 mV, was für das Messsystem als minimale obere Grenze des Messbereichs gefordert wird [51].

Da sich die elektrischen und geometrischen Eigenschaften der Zellen besonders gut im Frequenzbereich der β-Dispersion abbilden lassen und sich diese in anderen Publikationen als sinnvoll erwiesen hat, soll auch die Impedanzmyographie im Frequenzbereich von bis zu 250 kHz stattfinden [133, 153]. Um jedoch die Frequenztrennung zwischen EMG- und EIM-Signalen zu erleichtern, wird als niedrigste untere Messfrequenz 50 kHz festgelegt. Die in diesem Frequenzbereich erfahrungsgemäß zu erwartenden Impedanzbeträge zwischen 20...1000 Ω und die zugehörigen Impedanzphasen im Bereich von $0°... - 45°$ sollen mit dem Messsystem unter Einhaltung der gemäß DIN EN 60601-1 maximal zulässigen Hilfsströme (siehe Abschnitt 3.6) gemessen werden [118]. Dazu sollen die eingeleiteten Messströme auf 1 mA je Kanal begrenzt sein. Da die durch die EIM resultierenden Spannungsabfälle im Falle hoher Bioimpedanzen um Zehnerpotenzen höher sein können als das EMG-Signal, soll der Messstrom stufenweise reduzierbar sein. Absolute Impedanz-Messwerte sind für die Anwendung zwar nicht von hohem Interesse, um die Messergebnisse jedoch mit Literaturwerten vergleichen zu können, werden systematische Messfehler von $f_{|Z|} \leq 10$ % und $f_{\phi(Z)} \leq 1°$ gefordert. Im Rahmen einer Literaturrecherche wurden als maximale statistische Messunsicherheiten $VarK_{|Z|} \leq 1$ % bzw. $\sigma_{\phi(Z)} \leq 0, 1°$ festgelegt [68, 133]. Auf Grundlage der bisher wenigen Publikationen, welche EIM-Zeitsignale beinhalten, und der im vorherigen Kapitel vorgestellten Erfahrungen, wird der zu betrachtende Frequenzbereich der EIM-Nutzsignale auf ≤ 10 Hz festgelegt [146, 159].

Wie beim Plethysmographie-Messsystem sollen die Steuerung und Datenauswertung über einen externen PC erfolgen. Mittels einer GUI sollen die Konfigurationen der Messkanäle während des Betriebs vorgenommen werden und die Messsignale angezeigt werden. Um in Zukunft mit dem Messsystem Studien ohne räumliche Restriktionen zu ermöglichen, soll das System so ausgelegt werden, dass die Signalvorverarbeitung Probanden-nah durchführbar ist. Zudem soll für mobile Anwendungen ein möglichst geringer erforderlicher Rechenaufwand angestrebt werden und die übertragenen Daten nur Nutzinformationen enthalten.

5.2   Hardwareentwicklung

Zur Erfüllung der aufgestellten Anforderungen, wird in diesem Abschnitt ein problemspezifisches Messsystem entwickelt. Analog zu dem zuvor vorgestellten Plethysmographie-Messsystem, wird das Konzept des im Folgenden als *Myographie-Messsystem* bezeichneten Systems zunächst anhand eines Blockdiagramms vorgestellt, auf welches anschließend näher eingegangen wird.

5.2.1   Konzept des Gesamtsystems

Um eine Flexibilität bezüglich der Kanalanzahl zu erreichen, ist das Myographie-Messsystem modular, wie in Abbildung 5.2, aufgebaut. Damit nicht abhängig von der Kanalanzahl auch die Schnittstelle des geforderten Host-PCs angepasst werden muss, kommuniziert dieser ausschließlich mit einem Kommunikations-Modul. Neben der Aufgabe, die vom PC empfangenen Konfigurationsdaten an die jeweiligen Messmodule weiterzuleiten und in entgegengesetzter Richtung die Messdaten zum Host PC zu senden, soll es auch die Messmodule mit Spannung versorgen. Zusätzlich soll es zum einen zur Vermeidung von Verkopplungen die Messmodule untereinander, zum anderen zur elektrischen Sicherheit die Verbindung zum Host PC galvanisch trennen. Um ausschließlich für die benötigte Synchronisierung der Messmodule keine direkte Kommunikation aller Module untereinander umsetzen zu

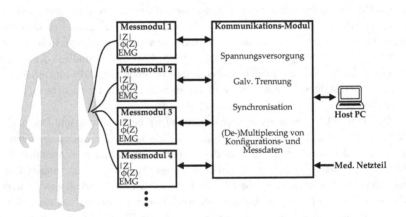

Abbildung 5.2 Konzept des Myographie-Messsystems

müssen, soll diese ebenfalls zentral durch das Kommunikations-Modul durchgeführt werden. Die eigentlichen Messungen sollen von den Messmodulen vorgenommen werden. Im Rahmen dieser Arbeit sollen zunächst vier dieser Module implementiert werden, zukünftige Erweiterungen durch geringe Systemmodifikationen aber möglich sein.

In den folgenden Abschnitten werden das Kommunikations-Modul und die Messmodule detailliert vorgestellt.

5.2.2 Kommunikations-Modul

In dem Blockschaltbild des Kommunikations-Moduls in Abbildung 5.3 werden dessen drei Hauptaufgaben farblich separiert. Der gekennzeichnete Austausch von Konfigurations- und Messdaten wird PC-seitig durch die weit verbreitete USB-Schnittstelle realisiert. Das Kommunikations-Modul nimmt keine Auswertung der Daten vor, sondern dient ausschließlich der elektrisch sicheren Datenübertragung und dem Bündeln der Daten aller Messmodule zu einer gemeinsamen PC-Schnittstelle. Für die systeminterne Kommunikation werden, auf Grundlage des zuvor vorgestellten Plethysmographie-Systems, UART-Schnittstellen verwendet. Da jedoch mehrere Messmodule simultan genutzt werden sollen und deren Anzahl nicht als konstant angenommen werden kann, wird jeweils ein eigener UART-Kommunikationskanal zum Datenaustausch mit dem Host PC umgesetzt. Dazu werden die vom PC gesendeten Konfigurations-Daten zunächst von einem

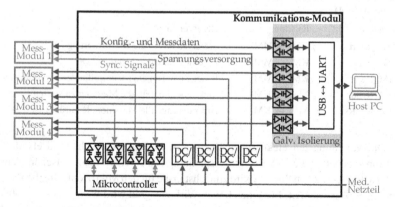

Abbildung 5.3 Blockschaltbild des Kommunikations-Moduls des Myographie-Systems

Schnittstellen-Wandler (FT4232HL von Future Technology Devices International) in vier UART-Datenströme, je vorgesehenem Messmodul einen, konvertiert. Die höchste gemeinsame Symbolrate vom Schnittstellen-Wandler und den Messmodulen beträgt 3,75 MBaud und wurde daher zur Kommunikation festgelegt. Anschließend werden die Signale zum Patientenschutz mittels digitaler Isolatoren (ISO7721 von Texas Instruments) galvanisch getrennt an die entsprechenden Messmodule übertragen. Die Messdaten von den Messmodulen zum PC werden auf gleichem Wege, entsprechend in die entgegengesetzte Richtung, übertragen.

Wie in dem Blockschaltbild zu sehen und zuvor beschrieben, besteht zwischen den einzelnen Messmodulen kein direkter Kommunikationsweg. Um die Anzahl der Messmodule gut skalieren zu können, werden die gekennzeichneten Synchronisations-Signale daher zentral von einem Mikrocontroller gesendet bzw. empfangen. Um Vorarbeiten aus der vorgestellten Plethysmographie-System-Entwicklung übernehmen zu können, wird der gleiche 32-Bit-Mikrocontroller Mikrocontroller (ATSAM4S16C von Microchip Technology) verwendet. Die in Tabelle 5.1 aufgelisteten Signale werden zur galvanischen Trennung der Module untereinander mittels digitaler Isolatoren (MAX14930BASE+ von Maxim Integrated, ISO7220BD von Texas Instruments) isoliert. Die ersten drei in der Tabelle genannten Signale werden von dem Kommunikationsmodul (KM) an alle Messmodule gesendet. Die beiden unteren Signale können von jedem Messmodul (MM) an das Kommunikationsmodul übertragen werden. Auf die genauen Zwecke dieser Signale wird in Abschnitt 5.3.2 näher eingegangen.

Tabelle 5.1 Signalaustausch zwischen dem Kommunikations-Modul (KM) und den Messmodulen (MM)

Signal	Richtung	Beschreibung
ADC_Start	KM → MM	Signal an ADC, die Konvertierung zu starten
ADC_CLK	KM → MM	Externes Taktsignal an den ADC
MM_Reset	KM → MM	Reset-Signal an die μController der Messmodule
MM_Ready	MM → KM	Messmodul bereit, die Messung zu starten
MM_ReqRst	MM → KM	Anforderung, alle Messmodule zurückzusetzen

Die Verteilung der elektrischen Energie ist in dem Blockschaltbild ebenfalls gekennzeichnet. Die 5 V-Versorgungsspannung des externen medizinischen Netzteils (MPU31-102 von Sinpro) wird zunächst in die für den Mikrocontroller benötigten 3,3 V_{DC} gewandelt. Für einen hohen Wirkungsgrad wird wegen dieses großen Spannungsunterschieds und eines hohen erwarteten Laststroms von $I_{\mu C} \approx 35$ mA ein Schaltregler (TPS63001 von Texas Instruments) verwendet [50]. Zur galvanisch getrennten Versorgung der Messmodule werden, wie beim Plethysmographie-System, jeweils $\pm 5\,V_{DC}$ mittels isolierenden Schaltreglern (DC/DC, MTU2D0505MC von Murata) erzeugt. Um die digitalen Isolatoren Messmodulseitig zu versorgen, werden aus diesen Spannungen, wegen der geringen benötigten Leistungen, jeweils mittels Linearreglern (TPS73033 von Texas Instruments) $3,3\,V_{DC}$ erzeugt.

5.2.3 Messmodule

Wie beim zuvor vorgestellten Plethysmographie-Messsystem, sollen aus gleichen Gründen die Bioimpedanz-Informationen vor der Digitalisierung demoduliert werden. Da bei der Signalgleichrichtung die Phaseninformation verloren geht, wird für das Myographie-Messsystem die ebenfalls sinnvoll analog umsetzbare I&Q-Demodulation herangezogen. Vor der Beschreibung der technischen Umsetzung wird zunächst eine abgewandelte Form dieses Demodulationsverfahrens vorgestellt.

Geschaltete I&Q-Demodulation
Die in Abschnitt 3.2 vorgestellte I&Q-Demodulation beruht auf der Multiplikation des Messsignals U_M mit harmonischen Signalen gleicher Frequenz. Da die analoge Multiplikation zwar möglich, jedoch schaltungstechnisch aufwendig und fehlerträchtig ist, wird dieses Verfahren in die geschaltete I&Q-Demodulation überführt [191]. Anstatt das Messsignal mit harmonischen Signalen zu multiplizieren, werden diese durch Rechtecksignale entsprechender Phasenlage gemäß

$$\text{rect}_{\cos}(\omega t + \phi_i) = \begin{cases} 1 & \text{für } \frac{-\pi}{2} \leq \omega t + \phi_i < \frac{\pi}{2} \\ -1 & \text{für } \frac{\pi}{2} \leq \omega t + \phi_i < \frac{3\pi}{2} \end{cases} \tag{5.1}$$

$$\text{rect}_{\sin}(\omega t + \phi_i) = \begin{cases} 1 & \text{für } 0 \leq \omega t + \phi_i < \pi \\ -1 & \text{für } \pi \leq \omega t + \phi_i < 2\pi \end{cases} \tag{5.2}$$

ersetzt. Somit ändert sich das Prinzip hin zu dem in Abbildung 5.4 gezeigten.
    Unter Verwendung der Fourierreihen für die Rechtecksignale ergeben sich nach den Multiplikationen

$$I_{AM}(t) = \frac{\hat{u}_M}{\pi} \left[\cos(\phi_u - \phi_i) + \cos(2\omega t + \phi_u + \phi_i)) + \frac{1}{3}\left(\cos(-2\omega t + \phi_u - \phi_i) + \cos(4\omega t + \phi_u + \phi_i)) + ...\right] \tag{5.3}$$

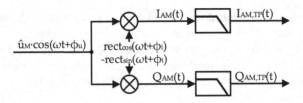

Abbildung 5.4 Prinzip der geschalteten I&Q-Demodulation

$$Q_{AM}(t) = \frac{\hat{u}_M}{\pi}\left[(\sin{(\phi_i - \phi_u)} + \sin{(2\omega t + \phi_u + \phi_i)}) + \frac{1}{3}(\sin{(2\omega t + \phi_i - \phi_u)} + \sin{(4\omega t + \phi_u + \phi_i)}) + \dots\right].$$

$$(5.4)$$

Liegen nun die Grenzfrequenzen der Tiefpassfilter deutlich unterhalb von 2ω, wie es bei der Bioimpedanzmessung typisch ist, so werden die hochfrequenten Signalanteile entfernt und es ergibt sich

$$I_{AM}(t) \approx \frac{\hat{u}_M}{\pi}\cos{(\phi_u - \phi_i)} \qquad (5.5)$$

$$Q_{AM}(t) \approx \frac{\hat{u}_M}{\pi}\sin{(\phi_u - \phi_i)}. \qquad (5.6)$$

Analog zur herkömmlichen I&Q-Demodulation lassen sich aus diesen Signalen sowohl die Amplitude als auch die Phasenlage des Messsignals gegenüber ϕ_i mittels

$$\hat{u}_M = \pi\sqrt{I_{AM,TP}^2 + Q_{AM,TP}^2} \qquad (5.7)$$

$$\phi = \phi_u - \phi_i = \arctan\left(\frac{Q_{AM,TP}}{I_{AM,TP}}\right) \qquad (5.8)$$

berechnen. Ein besonderer Vorteil der Verwendung von Rechtecksignalen ist, dass die analogen Multiplikationen in der technischen Umsetzung durch einfaches Schalten ersetzt werden können.

Blockschaltbild

Die Messmodule haben das Ziel, simultan mit einem gemeinsamen Elektrodensatz EIM- und EMG-Signale zu erfassen. Das Blockschaltbild in Abbildung 5.5, welches den entwickelten technischen Ansatz illustriert, lässt sich in vier Teile gliedern. Auf der rechten Seite befindet sich der digitale Abschnitt und die Spannungsversorgung, welche auf der Entwicklung des Plethysmographie-Messsystems basieren. Der obere blau hinterlegte Bereich markiert die Stromquelle zur Erzeugung des Messstroms für die Bioimpedanzmessung. Mittig grün gekennzeichnet ist die Schaltung zur Extraktion des EMG-Signalanteils aus der Potentialdifferenz zwischen den Spannungselektroden. Unten rot hinterlegt ist die Messschaltung zur Bestimmung des Bioimpedanzbetrags und der -Phase mittels analoger geschalteter I&Q-Demodulation.

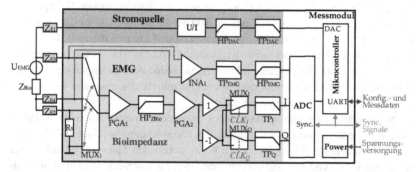

Abbildung 5.5 Blockschaltbild des Messmoduls zur simultanen EMG- und EIM-Messung

Die empfangenen Konfigurationsdaten und Synchronisations-Signale werden vom 32-Bit-Mikrocontroller (ATSAM4S16C von Microchip) zunächst ausgewertet. Wie beim Plethysmographie-System werden bei Bedarf vom internen DAC-Modul die Abtastwerte ($f_s = 1$ MHz) des gewünschten Sinussignals ausgegeben. Diese Abtastwerte werden analog vom Tiefpass TP_{DAC} (N=4, $f_c = 350$ kHz) und Hochpass HP_{DAC} (N=1, $f_c = 200$ Hz) gefiltert und anschließend in einen Messstrom ($I_M = 0{,}1...1$ mA, $f_M = 50...250$ kHz) konvertiert. Die elektronischen Schaltungen der Messstrom-Generierung entsprechen wegen ähnlicher Anforderungen denen des Plethysmographie-Messsystems. Über die Elektrode-Haut-Impedanzen Z_{E1} und Z_{E2} wird der Strom in das Gewebe geleitet und fließt über den Shuntwiderstand R_S zum Massepotential des Messmoduls.

Die an den Elektrode-Haut-Impedanzen Z_{E3} und Z_{E4} anliegende Spannung setzt sich aus dem Spannungsabfall der Bioimpedanzmessung und dem des EMG-Signals U_{EMG} zusammen. Für die im grünen Bereich dargestellten folgenden EMG-Verarbeitungsschritte soll diese Differenzspannung zunächst in ein einpoliges Signal mit Schaltungsmasse-Bezug gewandelt und verstärkt werden. Wegen des überlagerten Bioimpedanzsignals, welches deutlich höhere Spannungsamplituden aufweist als das EMG-Signal, ist diese Verstärkung begrenzt. Unter Berücksichtigung des geforderten maximalen Impedanz-Messbereichs von $|Z_{Bio,max}| = 1000\,\Omega$ und realistischer Messströme wird daher der Instrumentenverstärker INA_1 mit einer Verstärkung von $G = 13$ implementiert. Um den Einfluss der ESIs auf die Messung gemäß Abschnitt 2.3.2 gering zu halten, wurde ein Verstärker (INA126 von Texas Instruments) mit besonders hohen Eingangsimpedanzen gewählt. Um den unter ungünstigen Umständen um Zehnerpotenzen höheren Bioimpedanz-Spannungsabfall hinreichend gegenüber dem EMG-Signal zu dämpfen, wird ein aktiver Tiefpass 2. Ordnung verwendet. Um dieses Störsignal auch bei der niedrigsten Bioimpedanz-Messfrequenz von 50 kHz noch um ca. 100 dB zu dämpfen, wird die Grenzfrequenz mit $f_c = 100\,Hz$ dicht an den Nutzsignal-Frequenzbereich des EMG-Signals gesetzt. Verwendet wird das Bauteil OPA2134 von Texas Instruments, welches sich in der Vergangenheit bei vergleichbaren Anwendungen bewährt hat. Anschließend werden Gleichspannungsanteile mittels des analogen Hochpasses HP_{EMG} (N=1, $f_c = 3\,Hz$) entfernt.

Im rot markierten Bioimpedanz-Block entsprechen wegen ähnlicher Anforderungen die ersten Komponenten denen des Plethysmographie-Systems. So kann ebenfalls mittels des Multiplexers MUX_1, zwischen den Spannungsabfällen über der Bioimpedanz und dem Shuntwiderstand ausgewählt werden. Die Differenzspannung kann von den programmierbaren Verstärkern PGA_1 und PGA_2 im Bereich von $G_{gesamt} = 1...100$ verstärkt werden. Mit dem zwischenliegenden Hochpass HP_{ZBio} (N=1, $f_c = 1\,kHz$) werden sowohl die niederfrequenten EMG-Signalanteile als auch ggf. auftretende Signalgleichanteile gedämpft. Die folgenden Blöcke realisieren die geschaltete I&Q-Demodulation. Die Multiplikationen mit Rechteckfunktionen werden mittels analoger Schalter nachgebildet. Anders als in der Herleitung, werden die Zeiten der Multiplikation mit -1 jedoch durch die Ausgabe des zuvor invertierten Signals realisiert. Damit die schnellen Schaltvorgänge und damit einhergehenden Laständerungen sich nicht maßgeblich auf die Signale auswirken, wurde wie beim Plethysmographie-Messsystem ein Operationsverstärker (LMH6628 von Texas Instruments) mit niedrigem effektivem Ausgangswiderstand gewählt. Um die Umschaltdauern möglichst gegenüber der Periodendauern der Signale vernachlässigen zu können, sollen für MUX_I und MUX_Q besonders schnelle Schalter verwendet werden. Zudem müssen diese in der Lage sein, bipolare Wechselspannungen schalten zu können. Ausgewählt wurde daher der CMOS-Schalter MAX4523 von Maxim Integrated, welcher Umschaltzeiten in Bereichen einiger ns aufweist. Um die zur I&Q-Demodulation notwendige Synchronizität zwischen Schaltsignalen und dem vom DAC erzeugten Ausgangssignal zu erzielen, werden CLK_I und CLK_Q vom Pulsweitenmodulations-Modul (engl. Pulse Width Modulation (PWM)) des Mikrocontrollers erzeugt. Da sich nach dem Schalten gemäß Gleichung 5.3 und 5.4 die Amplituden der unerwünschten hochfrequenten Signalanteile in Bereichen der niederfrequenten Nutzsignale befinden, werden TP_I und TP_Q jeweils als Tiefpassfilter 6. Ordnung implementiert ($f_c = 1$ kHz, LMV844 von Texas Instruments).

Für Vergleichsmessungen wird zusätzlich ein Mikrofonverstärker in dem System realisiert, auf dessen technische Umsetzung nicht weiter eingegangen wird. In Anlehnung an die mit dem Plethysmographie-Messsystem gewonnenen Erfahrungen und wegen vergleichbarer Gegebenheiten, wird die Digitalisierung aller analoger Signale mit einem 24-Bit-ADC (ADS131E06 von Texas Instruments) mit einer Abtastrate von $f_s = 1000$ Hz durchgeführt. Der einzige Unterschied zum Plethysmographie-Messsystem ist, dass der sonst baugleiche ADC zur Reduktion der Datenrate sechs anstatt acht synchronisierte Kanäle zur Verfügung stellt. Um nicht nur die Synchronizität der Messkanäle zueinander zu gewährleisten, sondern auch der Messmodule untereinander, wird der ADC anstatt vom internen RC-Oszillator mittels der externen Synchronisations-Signale gestartet und getaktet.

5.2.4 Realisierung

Nach der Schaltplan-Entwicklung des Kommunikations- und Messmoduls, wurden diese jeweils in vierlagige Platinenlayouts überführt. Die Leiterplatten wurden anschließend extern gefertigt und mit den elektronischen Bauteilen bestückt. Ein Foto des Messsystems, bestehend aus dem Kommunikations-Modul und vier Mess-

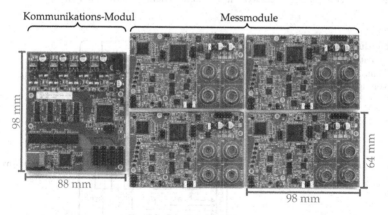

Abbildung 5.6 Bestückte Leiterplatten des Myographie-Messsystems

modulen, ist in Abbildung 5.6 gezeigt. Das Kommunikations-Modul besitzt 232 Bauteile und die Messmodule jeweils ca. 300.

5.3   Softwareentwicklung

In Abbildung 5.7 ist zunächst das Prinzip des Datenaustauschs zwischen dem PC und dem Messsystem gezeigt. Wie gefordert, können mittels einer GUI oder einem MATLAB-Skript die einzelnen Messmodule konfiguriert werden und bei Nutzung der C#-GUI die Messsignale angezeigt werden. Im Gegensatz zum Plethysmographie-System wird für eine Flexibilität bezüglich der genutzten Kanalanzahl je Messmodul eine eigene virtuelle serielle Schnittstelle (vCOM) zur Kommunikation genutzt. PC-intern werden die Konfigurationsdaten anschließend zu einer gemeinsamen USB-Verbindung geleitet. Diese überträgt die Informationen an das Kommunikationsmodul, dessen USB-UART-Schnittstelle die USB-Daten wieder in die vier ursprünglichen seriellen Datenströme umwandelt und die Konfigurationsdaten an die entsprechenden Messmodule $MM_1...MM_4$ überträgt. Die Mikrocontroller, deren Firmware in der Programmiersprache C implementiert ist, konfigurieren gemäß der empfangenen Daten die zugehörigen DACs und PGAs und schalten mittels des Multiplexers zwischen der Bioimpedanz und dem Shuntwiderstand um. Zur Übermittlung der aufgezeichneten Messdaten an die genutzte PC-Software wird die entgegengesetzte Kommunikationsrichtung genutzt. Die Kommunikation zwischen dem Mikrocontroller des Kommunikations-Moduls und den Messmodulen beruht ausschließlich auf dem Schalten der zuvor in Tabelle 5.1 genannten elektrischen Steuersignale, die der systeminternen Synchronisation dienen.

Abbildung 5.7 Prinzip des Datenaustauschs zwischen PC und Myographie-Messsystem

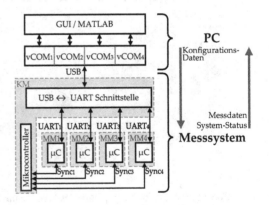

5.3.1 Datenschnittstellen

Analog zum Plethysmographie-Messsystem werden die Konfigurationsdaten in Form von Zeichenketten übertragen. Gemäß Tabelle 5.2 können sowohl die Messströme der Messmodule konfiguriert werden als auch die Charakteristik der Spannungsmessung. Zusätzlich dient das Zeichen „x" dem Befehl, das gesamte Messsystem zurückzusetzen. Da jedes Messmodul einen eigenen Kommunikationskanal zum PC aufweist, ist keine Übertragung von Adressen notwendig.

Tabelle 5.2 Datenrahmen zur Konfiguration des Myographie-Messsystems

Zeichen	Funktion	Wertebereiche				
konf[0]	Frequenz	a: 50 kHz	...	q: 250 kHz	;	x: Reset
konf[1]	Stromstärke	a: 1,0 mA	...	k: 0,0 mA	;	x: Reset
konf[2]	Vorverstärkung	a: 1	...	i:100	;	x: Reset
konf[3]	I/U-Messung	a: R_S	;	b: Z_{Bio}	;	x: Reset

Zur Übertragung der Messdaten an den PC wird eine Zeichenkette der Form „ADC-SAMPLE-NO;ADC_CH1;ADC_CH2;...;ADC_CH6" genutzt. Der erste enthaltene Wert entspricht der fortlaufenden Nummerierung der ADC-Abtastwerte, um die Messwerte denen der anderen Messmodule zeitlich zuordnen zu können.

5.3.2 Firmware und systeminterner Signalaustausch

Die Ablaufpläne der Firmware des Kommunikations-Moduls und des Messmoduls sind, unter Einbezug der systeminternen Steuersignale, in Abbildung 5.8 vereinfacht dargestellt. Nach Einschalten des Kommunikations-Moduls und dessen Initialisierung werden die ausgehenden Signale ADC_Start, ADC_CLK und MM_Reset zunächst mit 0 vorbelegt. Anschließend werden alle Messmodule mittels eines MM_Reset-Impulses aufgefordert, sich zurückzusetzen und das an alle Messmodule gesendete Taktsignal ADC_CLK wird aktiviert. Sobald von allen Messmodulen die Information eingegangen ist, dass sie zum Starten der Messung bereit sind, werden die ADCs vom Kommunikations-Modul synchron gestartet. Das Programm verweilt in einer Schleife solange, bis eines der Messmodule eine Anfrage zum Zurücksetzen des gesamten Systems stellt.

Das Programm des Messmoduls beginnt ebenfalls mit der Initialisierung und der Vorbelegung der Ausgangssignale MM_Ready und MM_ReqRst. Anschließend wird der ADC konfiguriert und es wird auf den Empfang von Konfigurationsdaten vom PC gewartet. Sobald diese eingegangen sind und das Messmodul entsprechend konfiguriert wurde, wird dem Kommunikations-Modul die Bereitschaft zum Starten einer Messung mitgeteilt. Darauf folgen drei Abfragen. Die erste fragt ab, ob ein 'x' vom PC empfangen wurde und teilt ggf. dem Kommunikations-Modul diese Reset-Anfrage durch Aktivieren des Signals MM_ReqRst mit. Anschließend folgt die Abfrage des Signals MM_Reset, was dem globalen Befehl des Kommunikations-Moduls zum Zurücksetzen entspricht. Ist es aktiviert, so setzt sich das Messmodul zurück. Anderenfalls wird abgefragt, ob eine neue ADC-Wandlung abgeschlossen wurde. In diesem Fall werden die Daten vom ADC über die SPI-Schnittstelle abgerufen und an den PC gesendet. Falls kein neuer Wert vorliegt, wird die Abfrageschleife erneut gestartet.

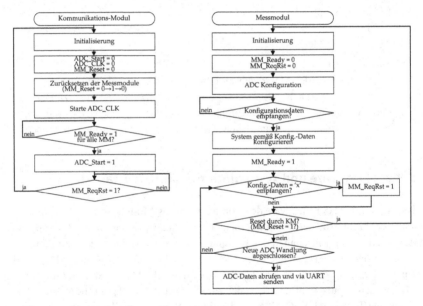

Abbildung 5.8 Ablaufpläne der Firmware vom Kommunikations-Modul und Messmodul

5.3.3 GUI

Die GUI des Plethysmographie-Messsystems wurde so erweitert, dass die vier virtuellen seriellen Schnittstellen zu den Messmodulen simultan geöffnet werden können. Es ermöglicht die Live-Darstellung von bis zu allen $4 \cdot 6 = 24$ ADC-Kanälen. Außerdem berechnet es aus den I&Q-Werten jeweils die Impedanzbeträge und -Phasen. Zur Übertagung von Konfigurationsdaten wird vor Senden der Parameter automatisch das Gesamtsystem zum Zurücksetzen aufgefordert, indem stets ein „x" vorweg gesendet wird. So kann die Taktsynchronizität der Module untereinander auch bei änderungen der DAC-Einstellungen sichergestellt werden. Nach jeder Impedanzmessung werden die Multiplexer zum kurzzeitigen Messen der Spannungen über den Shuntwiderständen umgeschaltet.

Die Messdaten und vorgenommenen Konfigurationen können in einer CSV-Datei für die nachträgliche Signalverarbeitung optional gespeichert werden. Abbildung 5.9 zeigt einen Screenshot der GUI.

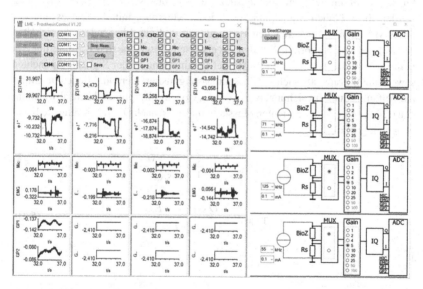

Abbildung 5.9 Grafische Benutzeroberfläche zur Anzeige der Messsignale und Steuerung des Myographie-Systems

5.4   Systemkalibrierung und -Justierung

Da sich die Topologie des Myographie-Messsystems und die des Plethysmographie-Messsystems ähneln, wird in diesem Abschnitt nur der I&Q-Demodulator auf Nichtlinearitäten untersucht. Die analoge I&Q-Demodulation wird maßgeblich durch die Schaltcharakteristik von MUX_I und MUX_Q (siehe Abbildung 5.5) beeinflusst. Diese auf einem gemeinsamen Halbleiter realisierten Schalter weisen jeweils Schaltverzögerungen von ca. $T_{SW} = 45$ ns auf. Da sich diese Schaltverzögerungen sowohl im I-Zweig als auch im Q-Zweig des Demodulators auswirken, sind sie äquivalent zu einer Phasenverschiebung der Messspannung U_M um $\frac{T_{SW}}{T_M} \cdot 360°$, wobei T_M die Periodendauer der Messspannung ist. Dieser Phasenfehler ist ausschließlich frequenzabhängig und verursacht daher keine Linearitätsabweichung. Basierend auf dem Prinzip der I&Q-Demodulation wirkt sich diese Phasenverschiebung nicht auf die Bestimmung des Signalbetrags aus.

Weitere nichtlineare Einflüsse auf die Signale I_{AM} oder Q_{AM}, die durch eine lineare Kalibrierung nicht kompensiert werden könnten, treten nicht auf. Daher werden diese beiden Signalpfade nach jeder Messung, mittels Vermessung des Shuntwiderstands unter gleichen Bedingungen und anschließendem Ausschalten des Messstroms, kalibriert. Mit den Ergebnissen dieser linearen Kalibrierung am ohmschen Widerstand können wegen der Bestimmung beider Signalkomponenten sowohl die Betrags- als auch die Phasenmessung justiert werden. Mit den bestimmten Anfangspunktabweichungen ($E_{AA,I}$, $E_{AA,Q}$) und Empfindlichkeitsabweichungen ($E_{SA,I}$, $E_{SA,Q}$) der gesamten Messketten werden nach Digitalisierung die Komponenten gemäß

$$I_{AM,TP,just.} = \frac{I_{AM,TP} - E_{AA,I}}{1 + E_{SA,I}} \tag{5.9}$$

$$Q_{AM,TP,just.} = \frac{Q_{AM,TP} - E_{AA,Q}}{1 + E_{SA,Q}} \tag{5.10}$$

justiert.

5.5   Messtechnische Charakterisierung

In diesem Abschnitt werden die Eigenschaften des Myographie-Messsystems messtechnisch ermittelt und mit den Anforderungen in Abschnitt 5.1 verglichen.

5.5.1 Analoger I&Q-Demodulator

Zunächst werden die Schaltvorgänge des analogen I&Q-Demodulators betrachtet. Zum Erfüllen der in Abschnitt 5.4 gestellten Annahmen, müssen die auftretenden Schaltverzögerungen T_{sw} zur Erzeugung des I_{AM}- und Q_{AM}-Signals die gleiche Dauer haben. Zudem müssen die Anstiegsraten T_{Slope} der geschalteten Signale vernachlässigbar kurz gegenüber der Periodendauer der Bioimpedanz-Messsignale ($T_{Slope} \ll T_{Signal}$) sein. Darüber hinaus soll überprüft werden, ob die elektronische Schaltung vor den Schaltern trotz der schnellen Lastwechsel stabil bleibt. Dazu wurde eine exemplarische Messung an einem 1000 Ω-Widerstand unter Verwendung eines Messstroms von $I_M = 1$ mA und einer Frequenz von $f_M = 100$ kHz mit einem Messmodul durchgeführt. Die Taktsignale CLK_I und CLK_Q zuzüglich der geschalteten Signale I_{AM} und Q_{AM} wurden mit einem Digitaloszilloskop (HDO6054 von Teledyne LeCroy) für die Dauer von 20 μs mit einer Abtastrate von $f_s = 2{,}5$ GHz erfasst. Die digitalisierten Signale sind normiert in Abbildung 5.10 dargestellt, wobei zur besseren Darstellung zusätzliche Offsets verwendet wurden.

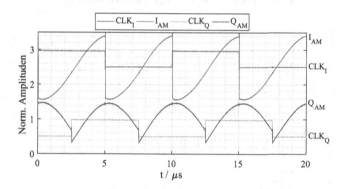

Abbildung 5.10 Zeitliche Zusammenhänge der Schaltsignale und der ungefilterten Ausgangssignale des analogen I&Q-Demodulators

Es ist zu sehen, dass während der Umschaltvorgänge lediglich ein sehr geringes Überschwingen auftritt. Die Schaltverzögerungen betragen in allen Fällen $T_{sw,max} < 29$ ns und sind somit kürzer als in Abschnitt 5.4 angenommen. Die geringste auftretende Verzögerung beträgt $T_{sw,min} = 26$ ns. Somit ergibt sich eine maximale Differenz von 3 ns, die als vernachlässigbar gering gegenüber den auftretenden Signal-Periodendauern, welche für das Messsystem minimal $T_{250\,kHz} = 4\,\mu$s betragen, beurteilt wird. Die Anstiegsdauern betragen in allen Fällen $T_{Slope} < 5$ ns und sind somit ebenfalls signifikant kürzer als die minimal auftretenden Signal-Periodendauern.

5.5.2 Systematische Messabweichungen

Unter Verwendung von 48 bekannten komplexen Impedanzen als Messnormale Z_{Norm} im Bereich von $|Z_{\text{Norm}}| = 3...1000 \, \Omega$ bzw. $\phi(Z_{\text{Norm}}) = 0... - 45°$ wurden die systematischen Messabweichungen des kalibrierten und justierten Myographie-Messsystems bestimmt. Die Normale weisen Toleranzen von $0,1 \, \%$ bzw. $0,1°$ auf und wurden von einem der Messmodule mit einem Messstrom von $I_{\text{M}} = 1$ mA und einer Frequenz von $f_{\text{M}} = 100$ kHz gemessen. Zum Entfernen der statistischen Messunsicherheiten wurden jeweils 1000 Messwerte je Impedanz innerhalb einer Sekunde aufgenommen und gemittelt. Die genutzten PGA-Gesamtverstärkungen G können entsprechend für jeden Impedanzbetrag der Tabelle 5.3 entnommen werden. In Abbildung 5.11 sind die bekannten Messnormale Z_{Norm} und die zugehörigen gemessenen komplexen Impedanzwerte Z_{Mess} grafisch dargestellt.

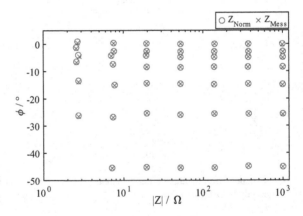

Abbildung 5.11 Komplexe Messnormale und die zugehörigen gemessenen Impedanzwerte für $I_{\text{M}} = 1$ mA und $f_{\text{M}} = 100$ kHz

Die in Abschnitt 5.1 aufgestellten Anforderungen werden erfüllt und deutlich übertroffen. Zur Analyse der Betrags- und Phasenabhängigkeit der Messabweichungen, werden in Tabelle 5.3 jeweils die Messwerte für $\phi(Z_{\text{Norm}}) = 0°$ und $|Z_{\text{Norm}}| = 139,6 \, \Omega$ betrachtet. Im oberen Teil der Tabelle, in dem nur die vermessenen rein ohmschen Widerstände eingetragen sind, ergeben sich für alle Normale Messabweichungen von $f_{|Z|} < 0,2\,\%$ bzw. $f\phi(Z) < 0,6°$. Eine Abhängigkeit der systematischen Messabweichungen vom Impedanzbetrag ist nicht erkennbar. Auch der untere Teil der Tabelle, in dem ausschließlich die Phase der Messnormale variiert wird, weist keine sichtbaren Abhängigkeiten von dieser auf.

Tabelle 5.3 Systematische Messabweichungen für $I_M = 1$ mA und $f_M = 100$ kHz

$|Z_{Norm}|/\,\Omega$	2,7	7,3	19,5	52,1	139,6	373,6	1000
$\phi(Z_{Norm})\,/\,°$	0	0	0	0	0	0	0
G	25	25	25	25	10	4	1
$|\Delta Z|\,/\,m\Omega$	4,8	10	35	78	177	392	201
$f_{|Z|}\,/\,‰$	1,8	1,4	1,8	1,5	1,3	1,0	0,2
$f_{\phi(Z)}\,/\,°$	0,55	0,18	0,09	0,08	0,01	0,09	0,30
$|Z_{Norm}|/\,\Omega$	139,6	139,6	139,6	139,6	139,6	139,6	139,6
$\phi(Z_{Norm})\,/\,°$	0	−2,7	−4,8	−8,4	−14,6	−25,7	−45
G	10	10	10	10	10	10	10
$|\Delta Z|\,/\,m\Omega$	177	146	158	147	162	109	67
$f_{|Z|}\,/\,‰$	1,3	1,0	1,1	1,1	1,2	0,8	0,5
$f_{\phi(Z)}\,/\,°$	0,01	0,07	0,03	0,00	0,02	0,11	0,01

5.5.3 Messunsicherheiten

Aus den Messungen zur Bestimmung der Messabweichungen werden auch die Messunsicherheiten bestimmt. Für die Berechnung des statistischen Verhaltens werden je Messung alle aufgenommenen 1000 Messwerte einbezogen und als normalverteilt angenommen. In Tabelle 5.4 sind die Standardabweichungen in Abhängigkeit von Impedanzbetrag und -Phase von jeweils sieben vermessenen Impedanzen eingetragen. Darin ist zu sehen, dass der Variationskoeffizient des Betrages $VarK_{|Z|}$ unter diesen Messbedingungen maximal 210 ppm beträgt. Die Standardabweichung der Messunsicherheit der Phase $\sigma_\phi(Z)$, ND beträgt maximal $0,025°$. Somit liegen die Messunsicherheiten deutlich unterhalb der in Abschnitt 5.1 geforderten Werten. Es ist zu beachten, dass diese Messunsicherheiten zwar deutlich die problemspezifischen Anforderungen der Impedanzmyographie übertreffen, das Myographie-Messsystem als Ersatz für das zuvor vorgestellte Plethysmographie-Messsystem jedoch ausschließen. Dessen Messunsicherheiten des Bioimpedanzbetrags sind ca. zehnfach geringer (vgl. Abschnitt 4.5.4).

Tabelle 5.4 Messunsicherheiten für $I_M = 1$ mA und $f_M = 100$ kHz

$|Z_{Norm}|$/ Ω	2,7	7,3	19,5	52,1	139,6	373,6	1000
$\phi(Z_{Norm})$ / °	0	0	0	0	0	0	0
G	25	25	25	25	10	4	1
$\sigma_{|Z|,ND}$ / mΩ	0,55	1,2	4,1	9,5	23	74	202
$VarK_{|Z|}$ / ppm	204	164	210	182	165	198	202
$\sigma_{\phi(Z),ND}$/ °	0,017	0,017	0,018	0,023	0,023	0,016	0,025
$|Z_{Norm}|$/ Ω	139,6	139,6	139,6	139,6	139,6	139,6	139,6
$\phi(Z_{Norm})$ / °	0	−2,7	−4,8	−8,4	−14,6	−25,7	−45
G	10	10	10	10	10	10	10
$\sigma_{|Z|,ND}$ / mΩ	23	20	24	22	20	14	12
$VarK_{|Z|}$ / ppm	165	143	172	158	143	100	86
$\sigma_{\phi(Z),ND}$/ °	0,023	0,023	0,023	0,024	0,024	0,019	0,019

In Abbildung 5.12 ist der zeitliche Verlauf einer exemplarischen Impedanzmessung für die Dauer von 5 s gezeigt. Das Messnormal wurde mit einem Messstrom von $I_M = 1$ mA mit einer Frequenz von $f_M = 100$ kHz gemessen. Es ist zu sehen, dass die auftretenden Messunsicherheiten ein periodisches Verhalten aufweisen. Die dominanten Frequenzen dieser Störung variieren jedoch in Abhängigkeit der Zeit. Ursachen können die trotz Tiefpassfilterung noch messbaren hochfrequenten Signalanteile von I_{AM} und Q_{AM} sein, welche bei der Digitalisierung unterabgetastet werden und somit wieder im Frequenzbereich der Nutzsignale auftreten. Weiterhin

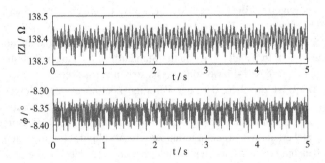

Abbildung 5.12 Exemplarischer zeitlicher Verlauf einer 5-sekündigen Impedanzmessung eines Messnormals ($I_M = 1$ mA, $f_M = 100$ kHz). Die tatsächliche Impedanz des Normals beträgt $138,25$ Ω $\cdot e^{-j \cdot 8,4°}$

können auch Jittereffekte des DACs Ursache für diese Störungen sein [167]. Variationen von Speicherzugriffszeiten können diese Effekte auslösen. Da die Messunsicherheiten jedoch signifikant geringer als gefordert sind, werden diese geringen Störungen nicht weiter analysiert.

5.5.4 Synchronizität

Für die Anwendung des Systems zur Prothesensteuerung war eine der gestellten Anforderungen, dass die gemessenen Signale untereinander Verzögerungen von weniger als 10 ms aufweisen. Diese Anforderung bezieht sich sowohl auf die Synchronizität der Messverfahren zueinander als auch auf die der vier Messmodule. Zur Bestimmung der auftretenden Verzögerungen wurde ein Messaufbau gemäß Abbildung 5.13 realisiert. Dieser Aufbau besteht aus einem Signalgenerator (33120A von Hewlett Packard), mit dem eine Wechselspannung U_{EMG} ($\hat{u}_{EMG} = 500\,\text{mV}$, $f_{EMG} = 69\,\text{Hz}$) im Frequenzbereich eines EMGs erzeugt wird. Die das EMG-Signal nachbildende Spannung kann am unteren 100 Ω-Widerstand des Spannungsteilers von den Messmodulen abgegriffen werden. Dieser Widerstand dient zusätzlich der Simulation einer Bioimpedanz. Zur simultanen Erzeugung von EMG- und Bioimpedanzänderungen wird der Schalter SW_1 betätigt, während die vier Messmodule $MM_1...MM_4$ im Betrieb sind. Diese führen neben der EMG-Messung jeweils Bioimpedanzmessungen mit Messströmen von $I_M = 0,1$ mA durch. Zur Signaltrennung werden die Module mit unterschiedlichen Messfrequenzen von $f_{MM1} = 91$ kHz, $f_{MM2} = 100$ kHz, $f_{MM3} = 111$ kHz und $f_{MM4} = 125$ kHz betrieben.

Abbildung 5.13 Messaufbau zum simultanen Erzeugen von EMG- und Impedanzsprüngen zur Bestimmung der Synchronizität

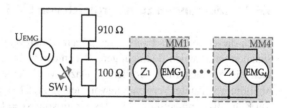

Die gemessenen Signale der vier Bioimpedanzbeträge und die vier EMG-Signale sind in Abbildung 5.14 für die Dauer von 1 s geplottet. Begonnen wurde die Messung mit geschlossenem Schalter SW_1, wobei dieser nach ca. 0,3 s für die Dauer von ca. 0,4 s geöffnet wurde. Die gemessenen Impedanzbeträge sind in Ω aufgetragen, während die EMG-Signale zur besseren Darstellung normiert wurden. Es ist zu beachten, dass sich die gemessene Impedanz aus der Parallelschaltung $100\,\Omega \| 910\,\Omega \approx 90\,\Omega$ zusammensetzt. Da die jeweils vier Impedanz- und EMG-Signale in der Abbildung so präzise übereinander liegen, dass sie kaum als einzelne Signale erkennbar sind, ist deren Synchronizität untereinander deutlich besser als die geforderten 10 ms. Auch die zeitlichen Verschiebungen zwischen dem geschalteten simulierten EMG-Signal und der Impedanz sind geringer als gefordert.

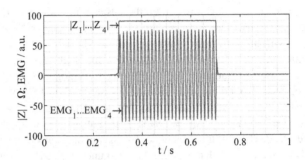

Abbildung 5.14 Gemessene EMG- und Impedanzsprünge. Es werden jeweils die Signale aller vier Messmodule dargestellt. Diese sind wegen der hohen Synchronizität in dieser Darstellung kaum voneinander unterscheidbar

5.6   Probandenmessungen

5.6.1   Messungen zum Vergleich von EMG- mit EIM-Signalen

Zweck dieser ersten Probandenmessungen ist der Vergleich von EMG- und EIM-Signalen unter realen Bedingungen. Neben den zeitlichen Zusammenhängen wird auch die Störsicherheit verglichen. Dazu wurde eine 4-Leiter-Messung gemäß Abbildung 5.15 unter Verwendung von vier Ag/AgCl-Hydrogel-Elektroden (H92SG von Kendall) durchgeführt. Der Messstrom von $I_M = 0{,}1$ mA mit einer Frequenz von f $= 100$ kHz wurde über die beiden äußeren Elektroden in das Gewebe geleitet, während die beiden inneren Elektroden die Spannungssignale ableiteten. Der Proband kontrahierte zur Beugung des Handgelenks den *Musculus flexor pollicis longus* zweimal für die Dauer von jeweils 0,5 s bzw. 1,3 s.

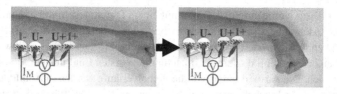

Abbildung 5.15 Elektrodenplatzierung zur Messung von Muskelkontraktionen während der Beugung des Handgelenks

In Abbildung 5.16 sind in Abhängigkeit der Zeit das normierte EMG-Signal, der Bioimpedanzbetrag und die -Phase dargestellt. Es handelt sich jeweils um die digitalisierten Rohdaten. Die Messung zeigt, dass bei entsprechender Muskelkontraktion der Bioimpedanzbetrag um ca. 8 % sinkt und die Phase um ca. 0,6° positiver wird. Es sind zwar in allen Signalen zur gleichen Zeit die beginnenden Muskelkontraktionen anhand von Signaländerungen zu erkennen, jedoch werden die Maxima der Bioimpedanzänderungen erst nach ca. 100 ms erreicht. Die Ursache dafür ist, dass diese auf die verhältnismäßig langsame Änderungen der Gewebegeometrie zurückzuführen sind.

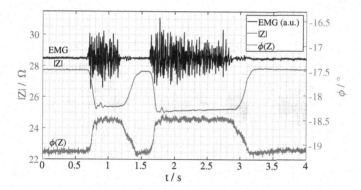

Abbildung 5.16 Gemessene EMG- und EIM-Signale während der zweimaligen Beugung des Handgelenks. Es handelt sich bei den Signalen um ungefilterte Rohdaten

Zum Vergleich der Störempfindlichkeit gegenüber mechanischen Einflüssen wurde die Messung mit gleicher Konfiguration wiederholt. Der Proband kontrahierte die Muskelregion zweimal und entspannte anschließend die Muskulatur. Danach wurde die positive Spannungselektrode mechanisch quasi-periodisch angeregt. Dazu wurde ein Stück Papier mit einem Durchmesser von 25 mm mittels eines Akkuschraubers so rotiert, dass es bei jeder Umdrehung zweimal leicht die entsprechende Elektrode berührt. Diese künstliche Störung ist zwar schwierig zu definieren oder zu reproduzieren, jedoch für einen ersten Eindruck der Störanfälligkeit hilfreich. Die Auswirkungen auf die Signalverläufe werden in Abbildung 5.17 mit tatsächlichen Muskelkontraktionen verglichen. Es ist zu sehen, dass die Auswirkungen der mechanischen Störungen dem zeitlichen Verlauf von EMG-Signalen ähneln. Die Spannungsamplituden, welche auf die änderungen der Halbzellenspannung zurückzuführen sind, liegen in Bereichen tatsächlicher EMG-Signale [114]. Auf die Bioimpedanzmessung haben diese Störspannungen aufgrund des verwendeten Messprinzips keinen Einfluss. Da sich bei den mechanischen Störungen aber auch geringe Geometrieänderungen des Gewebes ergeben, finden sich auch in den Bioimpedanzsignalen die Störungen wieder. Der Einfluss auf die Nutzsignale ist bei dieser Messung jedoch deutlich geringer als bei dem EMG-Signal. Aus diesem Grunde ist die Detektion von Muskelkontraktionen mittels EIM eine vielversprechende Methode, insbesondere zur Ergänzung des EMGs. Es ist jedoch zu beachten, dass in realen Anwendungen, wie der Prothetik viele unterschiedliche Kräfte auf die Elektroden wirken. In Abschnitt 5.6.4 wird noch einmal detailliert auf die Problematik des Elektrodenkontaktes eingegangen und ein erweiterter Lösungsansatz vorgeschlagen.

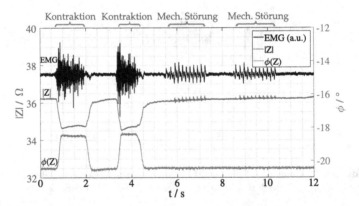

Abbildung 5.17 Gemessene EMG- und EIM-Signale während zweimaliger Beugung des Handgelenks und anschließenden mechanischen Störungen. Es handelt sich bei den Signalen um ungefilterte Rohdaten

5.6.2 Messung zur Steuerung von Unterarm-Prothesen

Das primär angedachte Anwendungsgebiet des Messsystems ist die Steuerung von Unterarm- bzw. Handprothesen. Dazu wurden in diesem Abschnitt alle vier Messmodule simultan am Probanden, wie in Abbildung 5.18, angeschlossen. Als Messströme wurden $I_{M1} = I_{M2} = I_{M3} = I_{M4} = 0,2$ mA verwendet. Um die Einflüsse der Messkanäle untereinander zu minimieren, wurden unterschiedliche Frequenzen ($f_{M1} = 91$ kHz, $f_{M2} = 100$ kHz, $f_{M3} = 111$ kHz, $f_{M4} = 125$ kHz) verwendet. Aufgrund des elektrischen Frequenzverhaltens von Bioimpedanzen (vgl. Abschnitt 2.1.1) kann angenommen werden, dass diese geringen Frequenzunterschiede keinen signifikanten Einfluss auf die Messsignale haben.

Abbildung 5.18 Elektrodenplatzierung für eine 4-Kanal-Messung unter Verwendung aller zur Verfügung stehenden Messmodule

Zur Analyse der Bioimpedanzsignale in Abhängigkeit der durchgeführten Handbewegung wurden fünf typische Bewegungen durchgeführt [175]. Diese sind im oberen Teil von Abbildung 5.19 dargestellt. Sie werden fortan bezeichnet und abgekürzt als Wrist Flexion (WF), Wrist Extension (WE), Ulnar Wrist Flexion (UWF), Hand Opening (HO) und Hand Rotation (HR). Der Proband führte jede dieser Muskelkontraktionen nach ca. 1 s für die Dauer von ca. 2 s durch.

Die jeweils insgesamt 12 gemessenen Signale sind ebenfalls in Abbildung 5.19 gezeigt. Zur besseren Darstellung wurden die Netzstörungen in den EMG-Signalen mit einem 50 Hz-Kerbfilter, realisiert als Nullphasenfilter, gedämpft. Zusätzlich wurden die EMG-Signale mit Offsets versehen. Bei den Impedanzbeträgen und -Phasen handelt es sich um ungefilterte Rohdaten. Dargestellt werden die relativen Änderungen der Beträge und die auftretenden Phasenänderungen.

Zur Untersuchung, ob die Bioimpedanz ausschließlich redundant zur Elektromyographie ist oder ob sie zusätzliche Informationen beinhaltet, können exemplarisch die WF- und WE-Signale miteinander verglichen werden. Man kann erkennen, dass das EMG-Signal vom Kanal 1 (CH 1) bei beiden Bewegungen ein ähnliches Verhalten aufweist. Im Gegensatz dazu verhält sich der Impedanzbetrag von CH 1 bei beiden Bewegungen invers zueinander. Vergleicht man die Bewegungen WE und

HO, zeigt in beiden Fällen der EMG-Kanal CH 4 eine Muskelkontraktion auf. Die zugehörigen Phasensignale verhalten sich aber invers zueinander. Somit ist erkennbar, dass die Impedanzsignale nicht nur eine Redundanz aufweisen, sondern auch zusätzliche Informationen beinhalten.

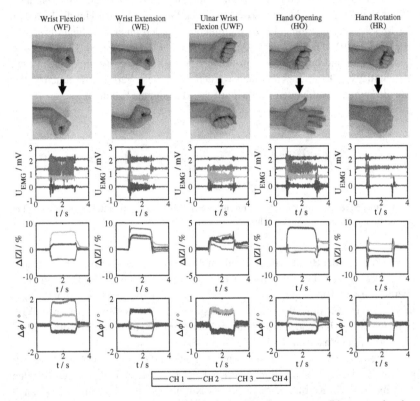

Abbildung 5.19 Messergebnisse von fünf typischen Handbewegungen. Die entsprechenden Bewegungen wurden nach ca. 1 s begonnen und die Muskeln für die Dauer von ca. 2 s kontrahiert

Es ist zu beachten, dass die Messungen am gesunden Probanden durchgeführt wurden. Die Messbedingungen beim Prothesenträger können signifikant anders sein. Zusätzlich sind starke Personen- und Zeitvariationen der Bedingungen zu erwarten. Es gibt jedoch auch weitere Anwendungsgebiete dieses vorgestellten

Messverfahrens. Denkbar ist beispielsweise die Verwendung zur Steuerung von Maschinen oder Exoskeletten.

5.6.3 Messung von Atemaktivitäten

Jeder Atemzyklus wird durch Kontraktionen des Zwerchfells gesteuert. Daher kann es insbesondere für das Beatmungsmonitoring von Interesse sein, aktive Kontraktionen dieser Muskulatur zu detektieren. Ein bekanntes Verfahren beruht darauf, das EMG-Signal des Zwerchfells (Diaphragmatic Electromyography (EMGdi)) mittels Oberflächenelektroden am Oberkörper abzuleiten [37]. Problematisch sind zum einen die überlagerten EKG-Signale, deren oberen Frequenzanteile in Bereichen des EMGdi-Spektrums liegen. Zum anderen sind die von der Hautoberfläche abgeleiteten Signalamplituden sehr gering [88]. Wie bei den zuvor gezeigten EMG-Messungen sind auch hier Änderungen der Elektroden-Halbzellenspannungen kaum von den tatsächlichen EMGdi-Signalen zu unterscheiden.

Geometrie- und Leitfähigkeitsänderungen der Lunge, wie sie beim Atmen auftreten, werden häufig mittels Bioimpedanzmessungen, insbesondere mit dem bildgebenden Verfahren der EIT, bestimmt [41]. Es kann beobachtet werden, dass sich beim Füllen der Lunge mit Luft die Thoraximpedanz erhöht. Entsprechend sinkt sie während des Ausatmens [15]. Mit der folgenden Messung sollte untersucht werden, ob beim Einatmen neben einer Impedanzerhöhung auf Höhe der Lunge, auch die Kontraktion des Zwerchfells mittels EIM detektierbar ist. Dazu wurde ein Messaufbau gemäß Abbildung 5.20 realisiert. Die Ag/AgCl-Hydrogel-Elektroden (H92SG von Kendall) zur Ableitung von Z_1 und EMG_1 wurden auf Höhe des 6. Rippenbogens appliziert. Die Elektroden des zweiten Messmoduls wurden unterhalb, auf Höhe des 10. Rippenbogens, auf der Haut positioniert. Als Messströme wurden $I_{M1} = I_{M2} = 0,1$ mA mit Frequenzen von $f_{M1} = 100$ kHz, $f_{M2} = 111$ kHz genutzt. Zum Hervorrufen starker Zwerchfellkontraktionen wurde ein Atemwiderstand in Form eines Trinkhalmes ($D = 3$ mm, $l = 80$ mm) beim Einatmen genutzt. Als zeitliches Referenzsignal wurden simultan die beim Einatmen entstehenden Rauschgeräusche mittels eines Mikrofons am Trinkhalm aufgezeichnet.

Die Messergebnisse sind in Abbildung 5.21 dargestellt. Anhand des Mikrofon-Signals (Mic) lassen sich die vier Zeitabschnitte des starken Einatmens erkennen. Die auf die EMG-Signale wirkenden Netzstörungen wurden mittels zweier Kerbfilter (IIR, $f_{Sperr1} = 50$ Hz, $f_{Sperr2} = 150$ Hz, Nullphasenfilter) gedämpft. Zur Reduktion der EKG-Signalanteile wurden die Signale zusätzlich mit einem Hochpass (IIR, $f_c = 60$ Hz, $N = 4$, Nullphasenfilter) gefiltert. Für eine bessere gra-

Abbildung 5.20 Messaufbau zur simultanen Messung
von Atemaktivitäten mittels
EMG und EIM. Zur Erhö-
hung des Atemwiderstands
wird durch einen Trinkhalm
eingeatmet. Die entstehenden Geräusche werden mit-
tels Mikrofon aufgezeichnet
und dienen als zeitliche
Referenz

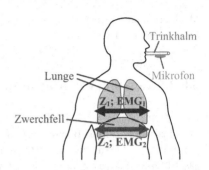

fische Darstellung wurde zu dem CH1-EMG-Signal ein Offset addiert. Bei den
EIM-Signalen handelt es sich jeweils um ungefilterte Rohdaten.

Trotz der starken Filterung der EMG-Signale sind die Zeitspannen der Muskelkontraktionen nur schwer vom Rauschen zu unterscheiden. Zu den Zeiten des
Einatmens ist jedoch das Auftreten der Muskelpotentiale erkennbar. Die
EMG-Signalamplituden betragen ca. $50\,\mu$V. Bei Betrachtung der EIM-Signale fällt
bei CH1 zunächst auf, dass sich beim Einatmen der Impedanzbetrag erhöht. Das ist
wegen des Füllens der Lunge mit nicht-leitender Atemluft plausibel. Die Phase wird
während dieser Zeiträume positiver. Der Impedanzbetrag von CH2 weist ein nahezu
inverses Verhalten auf. Während des Einatmens sinkt der Betrag der Bioimpedanz
und die zugehörige Phase wird negativer. Beim Vergleich der Morphologien fällt
auf, dass beim Ausatmen der Impedanzbetrag von CH1 schnell auf ein Plateau sinkt
und dort bis zum nächsten Einatmen konstant bleibt. Der Betrag von CH2 ändert sich
während des Ausatmens deutlich länger und erreicht sein Maximum erst kurz vor
dem nächsten Einatmen. Ursache für dieses Verhalten könnte sein, dass der Thorax
erst ab einer gewissen Füllung der Lunge mit Atemluft expandiert. Bei Unterschrei-
ten dieser Grenze wären somit auch deutlich geringere Impedanzänderungen zu
erwarten.

Da während des Atmens komplexe geometrische Änderungen im Oberkörper
entstehen, ist der genaue Ursprung der gezeigten Bioimpedanzänderungen schwierig zu bestimmen. Hilfreich könnten daher in der Zukunft Vergleichsmessungen
mit ausschließlich künstlicher Beatmung sein. Das gezeigte inverse Verhalten der
beiden Bioimpedanzkanäle ist günstig zur Unterscheidung zwischen Bewegungs-
artefakten und tatsächlichen Atemvorgängen. Dieser Vorteil kann nicht nur in klinischen Anwendungen genutzt werden, sondern insbesondere in Umgebungen, in
denen sich der Nutzer stark bewegt. Denkbar sind daher Einsatzbereiche wie die
Spiroergometrie.

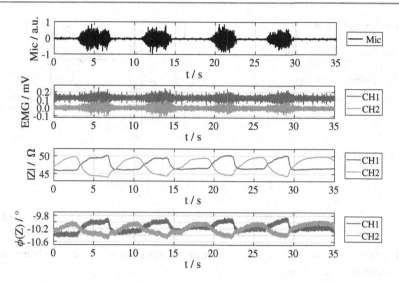

Abbildung 5.21 Messergebnisse während vier Atemzyklen. Das Einatmen ist jeweils an den Rauschsignalen im Mikrofonkanal zu erkennen

5.6.4   Mehrfrequenz-EIM zur Detektion von Muskelkontraktionen

In realen Anwendungen, wie die der Prothetik, werden vorzugsweise Trocken-elektroden genutzt. Da diese im Gegensatz zu Gelelektroden keinen Elektrolyten zwischen Elektrode und Haut bereitstellen, verhalten sie sich vorrangig kapazitiv und verursachen deutlich höhere ESIs [81]. Daher werden abschließend die Auswirkungen dieser ESIs auf die EIM betrachtet. Wird das Ersatzschaltbild einer Bioimpedanzmessung unter Berücksichtigung der Elektrode-Haut-Übergänge (Abbildung 3.10) für diese Betrachtung herangezogen und die Eingangsimpedanzen der Spannungsmessung als unendlich hoch angenommen, so ergibt sich ein vereinfachtes Ersatzschaltbild wie in Abbildung 5.22. Wie in Abschnitt 3.5 gezeigt, führt eine hohe Elektrode-Haut-Impedanz Z_{E2} zu hohen Gleichtakt-Signalanteilen, deren Unterdrückung wegen der nicht vermeidbaren Gleichtaktverstärkung A_{CM} des genutzten Differenzverstärkers begrenzt ist.

Die Ausgangsspannung U_A berechnet sich unter Annahme einer Differenzverstärkung von $A_D = 1$ gemäß

Abbildung 5.22 Vereinfachtes Ersatzschaltbild
einer Bioimpedanzmessung
unter Annahme unendlich
hoher Eingangsimpedanzen
der Spannungsmessung

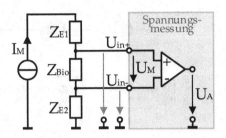

$$U_A = U_{in+} - U_{in-} + A_{CM}\frac{U_{in+} + U_{in-}}{2}$$
$$= I_M \cdot \left(Z_{Bio} + A_{CM}\frac{Z_{Bio} + 2 \cdot Z_{E2}}{2}\right). \tag{5.11}$$

Entsprechend wird anstatt der tatsächlichen Bioimpedanz Z_{Bio} eine fehlerbehaftete
Impedanz Z_{Mess} gemäß

$$Z_{Mess} = Z_{Bio} + A_{CM}\frac{Z_{Bio} + 2 \cdot Z_{E2}}{2} = \left(1 + \frac{A_{CM}}{2}\right)Z_{Bio} + A_{CM}Z_{E2} \tag{5.12}$$

bestimmt. Da bei dieser Betrachtung die Impedanz Z_{E1} keinen Einfluss hat, kann
sie im Folgenden vernachlässigt werden. Zur genaueren Betrachtung werden Z_{Bio}
und Z_{E2} in Abbildung 5.23 gemäß Abschnitt 2.1 in ihre Ersatzschaltbilder, bestehend aus Widerständen und Kapazitäten, überführt. Um in den folgenden Schritten
besser zwischen Komponenten der Bioimpedanz und denen des Elektrode-Haut-
Übergangs unterscheiden zu können, werden die gezeigten Bauteilbezeichnungen
mit passenden Indizes verwendet.

Abbildung 5.23 Detail-
liertes Ersatzschaltbild der
Bioimpedanz und der
negativen Stromelektrode

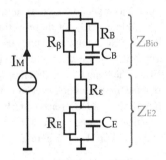

Die fehlerbehaftete gemessene Impedanz kann in kartesischer Darstellung als

$$Z_{\text{Mess}} = \left(1+\frac{A_{\text{CM}}}{2}\right)\frac{R_\beta+\omega^2 R_\beta R_B C_B^2\left(R_\beta+R_B\right)}{1+\omega^2 C_B^2\left(R_\beta+R_B\right)^2}+A_{\text{CM}}\frac{R_\epsilon+R_f+\omega^2 R_\epsilon R_E^2 C_E^2}{1+\omega^2 R_E^2 C_E^2}$$

$$-j\left(\left(1+\frac{A_{\text{CM}}}{2}\right)\frac{\omega R_\beta^2 C_B}{1+\omega^2 C_B^2\left(R_\beta+R_B\right)^2}+A_{\text{CM}}\frac{\omega R_f^2 C_E}{1+\omega^2 R_E^2 C_E^2}\right) \quad (5.13)$$

geschrieben werden, wobei sowohl im Real- als auch im Imaginärteil jeweils der linke Summand durch Z_{Bio} verursacht wird und der rechte Summand den Einfluss von Z_{E2} repräsentiert. Die Parallelschaltung, bestehend aus R_E und C_E, kann als verlustbehaftete Kapazität aufgefasst werden, welche von der Elektroden-Auflagefläche A abhängt. Führen mechanische Einflüsse zur Verringerung k dieser Fläche gemäß $A \Rightarrow \frac{A}{(1+k)}$, so führt diese zu einem Anstieg von R_E um den Faktor $(1+k)$. C_E verringert sich entsprechend. Zwar wird R_ϵ ebenfalls von Bewegungen beeinflusst, jedoch wird dessen Einfluss gegenüber $R_E\|C_E$ bei Verwendung von Trockenelektroden als gering angesehen und in dieser Betrachtung vernachlässigt. Wird in Gleichung 5.13

$$R_E \Rightarrow (1+k)\cdot R_E \quad (5.14)$$

$$C_E \Rightarrow C_E/(1+k) \quad (5.15)$$

eingesetzt, hat dies nur an den grau markierten Stellen der Gleichung Auswirkungen. An den anderen Stellen heben sich die Faktoren auf. Somit erhöhen sich im genannten Störfall der Realteil von Z_{Mess} um

$$\Delta Re\{Z_{\text{Mess}}\} = A_{\text{CM}}\cdot\frac{kR_E}{1+\omega^2 R_E^2 C_E^2} \quad (5.16)$$

und der Imaginärteil um

$$\Delta Im\{Z_{\text{Mess}}\} = -A_{\text{CM}}\cdot\frac{k\omega R_E^2 C_E}{1+\omega^2 R_E^2 C_E^2}. \quad (5.17)$$

Es ist daher eine Erhöhung des Impedanzbetrages von Z_{Mess} zu erwarten. Werden realistische Literaturwerte für Trockenelektroden eingesetzt, ergibt sich $|\Delta Re\{Z_{\text{Mess}}\}| \ll |\Delta Im\{Z_{\text{Mess}}\}|$ [20]. Wie in der Literatur beschrieben und anhand der zuvor in dieser Arbeit gezeigten Messungen zu sehen, befindet sich die Phasenverschiebung von Z_{Mess} wegen des typischerweise dominanten Einflusses der Bioimpedanz im Bereich von $\phi(Z_{\text{Mess}}) \approx 0° \dots - 30°$ [47, 63]. Somit führen die genannten, vorrangig den Imaginärteil betreffenden, Impedanzänderungen stets zu negativeren Phasenverschiebungen der gemessenen Impedanz Z_{Mess}. Zwar sind die Zahlenwerte der genannten Zusammenhänge von ω abhängig, ändern jedoch nicht in Abhängigkeit der Frequenz diese charakteristischen Richtungen.

Im Gegensatz zu einem Störfall ist zu erwarten, dass die bei Muskelkontraktionen angenommene Erhöhung von C_B für alle Frequenzen zur Reduktion des Impedanzbetrags führt. Das Frequenzverhalten der Impedanzphase weist bei tatsächlichen Muskelkontraktionen jedoch ein signifikant anderes Verhalten auf als die Störungen an den Elektroden. Wie in Abschnitt 2.4 (siehe Gleichung 2.13) erklärt, ist zu erwarten, dass der Phasengang bei Erhöhung von C_B entlang der Frequenzachse gestaucht wird. Zur Veranschaulichung werden die Frequenzgänge eines Muskels während Relaxation ($R_\beta = R_B = 50\ \Omega$, $C_B = 50$ nF) und Kontraktion ($R_\beta = R_B = 50\ \Omega$, $C_B = 60$ nF) mit Matlab simuliert und in Abbildung 5.24 dargestellt. Unterhalb der zu erwartenden Betragsplots ist zu sehen, dass sich das Minimum des Phasengangs bei Muskelkontraktionen, wegen der Stauchung entlang der Frequenzachse, zu niedrigeren Frequenzen verschiebt. Das hat zur Folge, dass Muskelkontraktionen in niedrigen Frequenzbereichen zu negativeren und in hohen Frequenzbereichen zu positiveren Phasen führen. Da dieser Zusammenhang bei Elektrodenstörungen nicht zu erkennen ist, sondern eine tatsächliche Muskelkontraktion kennzeichnet, wird er zur sicheren Erkennung von Muskelkontraktionen als besonders interessant erachtet und anhand von Probandenmessungen untersucht.

Wegen der für diese Untersuchung notwendigen Frequenzgänge, wurden nicht die in dieser Arbeit entwickelten Systeme genutzt, sondern ein Bioimpedanz-Spektrometer, welches den erforderlichen Frequenzbereich abdeckt [62]. Gemessen wurden die Muskelkontraktionen am Unterarm mittels einer 4-Leiter-Messung unter Verwendung von vier Ag/AgCl-Hydrogel-Elektroden (H92SG von Kendall) im Abstand von jeweils ca. 30 mm, platziert oberhalb des *Musculus flexor pollicis longus* (siehe Abbildung 5.15). Als Messstrom wurde $I_M = 1,25$ mA gewählt, wobei

Abbildung 5.24
Simulierte Impedanz-Frequenzgänge eines entspannten und kontrahierten Muskels

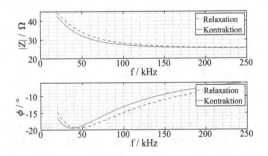

die Anregesignalform ein linearer Chirp im Frequenzbereich von 24,4...390 kHz
war. Zunächst wurden die Bioimpedanzen an drei Probanden im entspannten Muskelzustand bestimmt. Anschließend haben die Probanden die Muskulatur wie zuvor
in Abschnitt 5.6.1 so angespannt, dass das Handgelenk gebeugt wird. Die jeweils
zwei gemessenen Frequenzgänge sind in Abbildung 5.25 im Vergleich zu dem
Modell dargestellt. Da sich der interessante Bereich bei $f < 250$ kHz befindet,
wurden die Frequenzgänge nur bis zu dieser Frequenz geplottet.

Es sind bei allen Probanden die typischen Verläufe von Betrag und Phase der
Bioimpedanzen zu erkennen. Betrachtet man zunächst die Beträge, so sieht man,
dass diese wie beim Modell, bei Kontraktion über dem gesamten Frequenzverlauf
sinken. Bei den Phasengängen aller Probanden ist die Kreuzung des der Relaxation
zugehörigen Plots mit dem der Kontraktion erkennbar. Wie im Modell sind die
Phasen der Bioimpedanzen bei niedrigen Frequenzen ($f < 50$ kHz) während der
Kontraktion negativer als während der Relaxation. Die Kreuzungen befinden sich
Probanden-abhängig zwischen $f = 60$ kHz und $f = 130$ kHz. Anschließend sind
die Phasen der Relaxationen negativer als die der Kontraktionen.

Diese Charakteristik kann bei der Unterscheidung zwischen Elektroden-
Einflüssen und tatsächlichen Muskelanspannungen hilfreich sein. Eine Implemen-

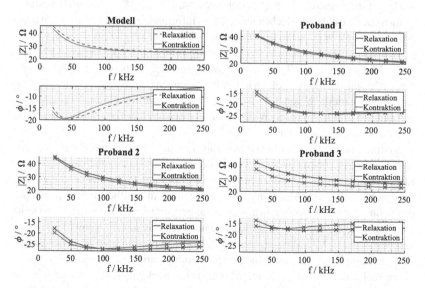

Abbildung 5.25 An Probanden gemessene Impedanz-Frequenzgänge im Vergleich zum
Modell, jeweils im entspannten und im kontrahierten Muskelzustand

tierung dieses Verfahrens, für das ein Patent erteilt wurde, in ein Messgerät zur Ansteuerung von Prothesen wäre daher zukünftig denkbar.

5.7 Abschließende Beurteilung

Die besonderen Anforderungen an das entwickelte Myographie-Messsystem waren die Synchronizitäten von vier Messkanälen, die jeweils EMG, Bioimpedanzbetrag und -Phase ableiten können. Um die insgesamt 12 Messsignale zuverlässig zeitlich zuordnen zu können, wurden 10 ms als maximale Verzögerung der Signale untereinander festgelegt. Das entwickelte modulare Messsystem, welches auf Grundlagen des Plethysmographie-Systems entwickelt wurde, erfüllt diese Anforderungen deutlich.

Die Konfigurationsdaten können mittels einer entwickelten grafischen Bediensoftware über die USB-Schnittstelle an die Messmodule übertragen werden. Gleichzeitig können mit diesem Programm die gemessenen Signale in einer Live-Anzeige betrachtet werden. Mit den jeweils auf den Messmodulen befindlichen Stromquellen können Messströme von $0,1...1$ mA mit Frequenzen von $50...250$ kHz erzeugt werden. Durch die Verwendung einer analogen I&Q-Demodulation können, wie bereits beim Plethysmographie-Messsystem, geringe ADC-Abtastraten genutzt werden. Der entstehende Rechenaufwand zur Informationsextraktion ist somit deutlich geringer als würden die hochfrequenten Rohsignale digitalisiert werden.

Die systematischen Abweichungen betragen in dem für Bioimpedanzen typischen Messbereich von $7,3...1000$ Ω weniger als 2 ‰ bzw. $0,6°$. Die statistischen Messunsicherheiten sollten laut Anforderungen für die vorgesehenen Anwendungsfelder unterhalb von 1 % bzw. $0,1°$ sein. Auch diese Werte werden deutlich unterschritten. So wurden sie messtechnisch zu $VarK_{|Z|} \leq 210$ ppm bzw. $\sigma_{\phi(Z),ND} \leq 0,025°$ bestimmt.

Erstmals konnten die zeitlichen Verhältnisse von EMG, Bioimpedanzbetrag und -Phase anhand einer Probandenmessung gezeigt und die Empfindlichkeit gegenüber Elektrodenstörungen verglichen werden. Eine weitere Probandenmessung unter Verwendung aller vier Messkanäle konnte erstmals die zeitlichen Signaländerungen beim Ausführen typischer Handbewegungen aufzeigen. Ein neuer Messansatz zur Unterstützung der Beatmungsüberwachung, welcher auf der Kombination einer herkömmlichen EMG-Messung der Zwerchfellaktivitäten mit zusätzlicher Bioimpedanzmessung der Geometrieänderungen beruht, wurde vorgestellt und mit einer ersten Probandenmessung getestet. Abschließend wurde ein weiterer neuer Messansatz vorgestellt, welcher auf der spezifischen Änderung des Phasengangs bei Muskelkontraktionen beruht.

Zusammenfassung und Ausblick 6

Ziel dieser Arbeit war die Entwicklung von Bioimpedanz-Messansätzen und -Instrumentierungen zur Verbesserung, Ergänzung oder als Ersatz herkömmlicher Monitoring-Messverfahren. Als besonderer Schwerpunkt wurden Mehrkanal-Ansätze angestrebt, um transiente physiologische Ereignisse simultan an mehreren Messorten detektieren zu können.

Die beiden als besonders vielversprechend angesehenen Messverfahren der elektrischen Impedanzplethysmographie und -Myographie erforderten jeweils besonders hohe Ansprüche bezüglich Messunsicherheiten und Kanalsynchronizität. Zum Erfüllen der Anforderungen wurden in dieser Arbeit zunächst die technischen Herausforderungen der Bioimpedanz-Instrumentierung mit Schwerpunkt auf der Mehrkanalmessung analysiert. Anschließend wurden die beiden Messverfahren getrennt voneinander in problemspezifische Ansätze überführt und in Form von Messsystemen realisiert.

Die Anforderung sehr geringer Messunsicherheiten zur hochaufgelösten Impedanzplethysmographie wurde durch eine spezielle Kombination aus analoger und digitaler Elektronik erreicht. Besonders ausschlaggebend dabei war die Entwicklung einer Gleichrichterschaltung zur hochfrequenten Amplitudendemodulation. Diese analoge Signalvorverarbeitung ermöglicht die Verwendung niedriger Abtastraten und somit hohe Auflösungen zur Digitalisierung der Nutzsignale und vermeidet rechenintensive digitale Signalverarbeitungsschritte. Über eine gemäß DIN EN 60601-1 isolierte USB-Verbindung können mittels eines PCs vier unabhängige Impedanzmesskanäle angesteuert werden und die Messdaten angezeigt und weiterverarbeitet werden. Die verwendeten Messströme können über eine grafische Bediensoftware im Bereich von $I_M = 0,12\ldots1,5\,\text{mA}$ bzw. $f_M = 12\ldots250\,\text{kHz}$ konfiguriert werden. Die Charakterisierung des Systems zeigte, dass dieses 1000 Impedanzmessungen/s je Kanal mit statistischen Messunsicherheiten im niedrigen $m\Omega$-Bereich ermöglicht. Die Synchronizität der vier implementierten Messkanäle

© Der/die Herausgeber bzw. der/die Autor(en), exklusiv lizenziert durch Springer Fachmedien Wiesbaden GmbH, ein Teil von Springer Nature 2021
R. Kusche, *Mehrkanal-Bioimpedanz-Instrumentierung*,
https://doi.org/10.1007/978-3-658-31470-5_6

ist besser als 1 ms und ermöglicht somit Messaufbauten, bei denen geringe Pulswellenlaufzeiten zwischen zwei dicht beieinander liegenden Messorten bestimmt werden sollen. Mit dem entwickelten Plethysmographie-Messsystem konnten synchron die Pulswellen an allen vier Extremitäten simultan mittels Bioimpedanz gemessen werden. Ein weiterer, erstmals publizierter, Messansatz ist die Bestimmung der Pulswellengeschwindigkeit in der Aorta. Die dazu genutzte Detektion der Pulswelle auf Höhe des Aortenbogens und bei Austritt aus der Aorta in die Beinarterien wurde auch für einen ersten Ansatz zur Bestimmung des Frequenzgangs der Aorta herangezogen. Weitere mit den vier Bioimpedanz-Messkanälen synchronisierte Messschaltungen, wie Mikrofon- und EKG-Verstärker, wurden genutzt, um die zeitlichen Abläufe des Herzschlags messen zu können. Abschließend wurde eine Schaltungsmodifikation vorgestellt, mit der nicht nur die während Muskelkontraktionen auftretenden Impedanzänderungen gemessen werden können, sondern mit gleicher Sensorik auch EMG-Signale.

Dieses Prinzip der Kombination von herkömmlichen EMG-Messungen mit der elektrischen Impedanzmyographie wurde in der Entwicklung des zweiten Messsystems in den Vordergrund gestellt. Da die Zusammenhänge zwischen EMG-Signalen und der komplexen Bioimpedanz bisher nicht bekannt waren, lag der Fokus der Impedanzmessung bei diesem System nicht nur auf dem Betrag, sondern auch auf der Phasenverschiebung der Bioimpedanz. Eine weitere problemspezifische Systemanforderung, neben der Synchronizität zwischen Bioimpedanzmessungen und EMG, war die Störsicherheit der EMG-Signalaufzeichnung gegenüber den deutlich größeren Spannungsamplituden der Impedanzmyographie. Das entwickelte Messsystem, welches auf dem Prinzip des Plethysmographie-Systems aufbaut, hatte als Anwendungsgebiet die Prothetik zum Ziel. Da es bisher keine zuverlässigen Aussagen zur Anzahl der benötigten Messkanäle gibt, wurde das System modular aufgebaut. Über ein entwickeltes USB-Kommunikations-Modul findet der Datenaustausch zwischen den zunächst vier realisierten Messmodulen und einem PC statt. Unter Verwendung von Messströmen von $0,1 \ldots 1\,\mathrm{mA}$ im Frequenzbereich von $50 \ldots 250\,\mathrm{kHz}$ können mit den Messmodulen Bioimpedanzen mit Messunsicherheiten unterhalb von $250\,\mathrm{ppm}$ bzw. $0,03°$ bestimmt werden. In Probandenmessungen wurden erstmals die zeitlichen Zusammenhänge zwischen EMG, Bioimpedanzbetrag und -Phase aufgezeigt und auch deren Robustheit gegenüber mechanischen Elektrodenstörungen betrachtet. Zudem wurden unter Ausführung charakteristischer Handbewegungen Mehrkanalmessungen durchgeführt, wie sie zu zukünftigen Zwecken der Prothesensteuerung realistisch sind. Abschließend wurde ein weiterer neuer Messansatz für das Beatmungsmonitoring vorgestellt. Dieser beruht auf Messung der vom Zwerchfell erzeugten EMG-Signale in Kombination mit einer Bioimpedanzmessung, welche die vom Zwerchfell erzeugten Geometrieänderungen des

Gewebes detektiert. Ein weiterer neuer Zusammenhang, welcher sich auf die Impedanzmyographie bezieht, ist die Änderung des Bioimpedanz-Phasengangs während einer Muskelkontraktion. Sowohl am theoretischen Modell als auch durch Probandenmessungen konnte gezeigt werden, dass während einer Muskelkontraktion die Phase der korrespondierenden Bioimpedanz bei niedrigen Frequenzen negativer und bei hohen Frequenzen positiver wird. Dieser Effekt kann zur Differenzierung zwischen Störungen und tatsächlichen Muskelkontraktionen hilfreich sein.

Für zukünftige anwendungsspezifische Realisierungen können die vorgestellten Messsysteme miniaturisiert und die Leistungsaufnahmen reduziert werden. Erreicht werden könnte das durch Wegfall von Flexibilitäten der Systeme, welche in realen Anwendungen nicht benötigt werden. Um den Einsatz von Trockenelektroden zuverlässig zu ermöglichen, könnten eine Erhöhung der genutzten Frequenzbereiche der Messsysteme hilfreich sein. Die im Rahmen dieser Arbeit gezeigten neuen Messansätze, welche erst durch die entwickelten Messsysteme umsetzbar sind, sollten zukünftig in umfangreicheren Studien analysiert werden. Aus den gewonnenen Daten könnten Aussagen zu idealen Elektrodenpositionen und benötigten Anzahlen von Messkanälen getroffen werden. Außerdem könnten die Studien genutzt werden, um Signalfusions-Algorithmen zu entwickeln, welche die EMG- und Bioimpedanzsignale zu gemeinsamen Bewegungsinformationen kombinieren. Neben den im Rahmen dieser Arbeit betrachteten Anwendungsgebieten sind die Messverfahren und erzielten Ergebnisse auch auf andere Gebiete, wie Orthesen, Exoskelette, Wearables und Mensch-Computer-Schnittstellen übertragbar.

Literaturverzeichnis

1. AARON, R.; HUANG, M.; SHIFFMAN, C. A.: Anisotropy of human muscle via noninvasive impedance measurements. In: *Physics in Medicine & Biology* 42 (1997), S. 1245–1262. https://doi.org/10.1088/0031-9155/42/7/002. – DOI 10.1088/0031-9155/42/7/002

2. ADLER, A.; GRYCHTOL, B.; BAYFORD, R.: Why is EIT so hard, and what are we doing about it? In: *Physiological Measurement* 36 (2015), S. 1067–1073. https://doi.org/10.1088/0967-3334/36/6/1067. – DOI 10.1088/0967-3334/36/6/1067

3. ALLEN, J.: Photoplethysmography and its application in clinical physiological measurement. In: *Physiological Measurement* 28 (2007), S. R1–39. https://doi.org/10.1088/0967-3334/28/3/R01. – DOI 10.1088/0967-3334/28/3/R01

4. ALLISON, R. D.; HOLMES, E. L.; NYBOER, J.: Volumetric dynamics of respiration as measured by electrical impedance plethysmography. In: *Journal of Applied Physiology* 19 (1964), S. 166–173. https://doi.org/10.1152/jappl.1964.19.1.166.

5. ANGULO, D. F. F.: *Design, Development, Set up and Verification of a System to Produce Artificial Pulse Waves*, Fachhochschule Lübeck, Masterarbeit, Dez. 2014

6. AROOM, K. R.; HARTING, M. T.; COX., C. S.; RADHARKRISHNAN, R. S.; SMITH, C.; GILL, B. S.: Bioimpedance Analysis: A Guide to Simple Design and Implementation. In: *Journal of Surgical Research* 153 (2009), S. 23–30. https://doi.org/10.1016/j.jss.2008.04.019. – DOI 10.1016/j.jss.2008.04.019

7. *Kapitel* Electrical Impedance Tomography. In: BARBER, D. C.: *The Biomedical Engineering Handbook: Second Edition.* CRC Press, 2000. – ISBN 978–0849385940

8. BARBOSA- SILVA, M. C.; BARROS, A. J.: Bioelectrical impedance analysis in clinical practice: a new perspective on its use beyond body composition equations. In: *Current Opinion in Clinical Nutrition and Metabolic Care* 8 (2005), S. 311–317. https://doi.org/10.1097/01.mco.0000165011.69943.39. – DOI 10.1097/01.mco.0000165011.69943.39

9. BATRA, P.; KAPOOR, R.: Electrical Bioimpedance: Methods and Applications. In: *International Journal of Advance Research and Innovation* 3 (2015), S. 702–707. – ISSN 978–93–5156–328–0

10. BERA, T. K.: Bioelectrical Impedance Methods for Noninvasive Health Monitoring: A Review. In: *Journal of Medical Engineering* (2014), S. 1–28. https://doi.org/10.1155/2014/381251. – DOI 10.1155/2014/381251

© Der/die Herausgeber bzw. der/die Autor(en), exklusiv lizenziert durch Springer Fachmedien Wiesbaden GmbH, ein Teil von Springer Nature 2021
R. Kusche, *Mehrkanal-Bioimpedanz-Instrumentierung,*
https://doi.org/10.1007/978-3-658-31470-5

11. BERA, T. K.: Applications of Electrical Impedance Tomography (EIT): A Short Review. In: *IOP Conference Series: Materials Science and Engineering* Bd. 331, 2018

12. *Kapitel* Principles of Electrocardiography. In: BERBARI, E. J.: *The Biomedical Engineering Handbook: Second Edition*. CRC Press, 2000. – ISBN 978–0849385940

13. BHATTARAI, S.: *A System Development for Introducing and Detecting Artificial Pulse Waves*, Fachhochschule Lübeck, Masterarbeit, Dez. 2016

14. BLACHER, J.; GUERIN, A. P.; PANNIER, B.; MARCHAIS, S. J.; SAFAR, M. E.; LONDON, G. M.: Impact of aortic stiffness on survival in end-stage renal disease. In: *Circulation* 99 (1999), S. 2434–2439. https://doi.org/10.1161/01.CIR.99.18.2434. – DOI 10.1161/01.CIR.99.18.2434

15. BLANCO- ALMAZÁN, D.; GROENENDAAL, W.; CATTHOOR, F.; JANÉ, R.: Wearable Bioimpedance Measurement for Respiratory Monitoring During Inspiratory Loading. In: *IEEE Access* 7 (2019), S. 89487–89496. https://doi.org/10.1109/ACCESS.2019.2926841. – DOI 10.1109/ACCESS.2019.2926841

16. BOOSTANI, R.; MORADI, M. H.: Evaluation of the forearm EMG signal features for the control of a prosthetic hand. In: *Physiological Measurement* 24 (2003), S. 309–319. https://doi.org/10.1088/0967-3334/24/2/307. – DOI 10.1088/0967-3334/24/2/307

17. BOUR, J.; KELLETT, J.: Impedance cardiography – A rapid and cost-effective screening tool for cardiac disease. In: *European Journal of Internal Medicine* 19 (2008), S. 399–405. https://doi.org/10.1016/j.ejim.2007.07.007. – DOI 10.1016/j.ejim.2007.07.007

18. BOUTOUYRIE, P.; BRIET, M.; COLLIN, C.; VERMEERSCH, S.; PANNIER, B.: Assessment of pulse wave velocity. In: *Artery Research* 3 (2009), S. 3–8. https://doi.org/10.1016/j.artres.2008.11.002. – DOI 10.1016/j.artres.2008.11.002

19. BÄRWOLFF, G.: *Numerik für Ingenieure, Physiker und Informatiker*. Springer, 2016. – ISBN 978–3–662–48016–8

20. BURKE, M. J.; GLEESON, D. T.: A Micropower Dry-Electrode ECG Preamplifier. In: *IEEE Transactions on Biomedical Engineering* 47 (2000), S. 155–162. https://doi.org/10.1109/10.821734. – DOI 10.1109/10.821734

21. CARTER, B.: *Op Amps for Everyone*. Newnes, 2013. – ISBN 978–0–12–391495–8

22. CAVALCANTE, J. L.; LIMA, J. A.; REDHEUIL, A.; AL- MALLAH, M. H.: Aortic stiffness: current understanding and future directions. In: *Journal of the American College of Cardiology* 57 (2011), S. 511–1522. https://doi.org/10.1016/j.jacc.2010.12.017. – DOI 10.1016/j.jacc.2010.12.017

23. CHENEY, M.; ISAACSON, D.; NEWELL, J. C.: Electrical Impedance Tomography. In: *SIAM Review* 41 (1999), S. 85–101. https://doi.org/10.1137/S0036144598333613. – DOI 10.1137/S0036144598333613

24. CHEREPENIN, V. A.; KARPOV, A. Y.; KORJENEVSKY, A. V.; KORNIENKO, V. N.; KULTIASOV, Y. S.; OCHAPKIN, M. B.; TROCHANOVA, O. V.; MEISTER, J. D.: Three-dimensional EIT imaging of breast tissues: system design and clinical testing. In: *IEEE Transactions on Medical Imaging* 21 (2002), S. 662–667. https://doi.org/10.1109/TMI.2002.800602. – DOI 10.1109/TMI.2002.800602

25. CHI, Y. M.; JUNG, T.-P.; CAUWENBERGHS, G.: Dry-Contact and Noncontact Biopotential Electrodes: Methodological Review. In: *IEEE Reviews in Biomedical Engineering* 3 (2010), S. 106–119. https://doi.org/10.1109/RBME.2010.2084078. – DOI 10.1109/RBME.2010.2084078

26. CHO, M.-C.; KIM, J.-Y.; CHO, S.: A bio-impedance measurement system for portable monitoring of heart rate and pulse wave velocity using small body area. In: *IEEE International Symposium on Circuits and Systems*, 2009

27. COHN, G. A.; KUSCHE, R.: *Bioimpedance based pulse waveform sensing*. 2018. – Offenlegungsschrift, US 2018/0078148

28. CORDELLA, F.; CIANCIO, A. L.; SACCHETTI, R.; DAVALLI, A.; CUTTI, A. G.; GUGLIELMELLI, E.; ZOLLO, L.: Literature Review on Needs of Upper Limb Prosthesis Users. In: *Frontiers in Neuroscience* 10 (2016), S. 1–14. https://doi.org/10.3389/fnins.2016.00209. – DOI 10.3389/fnins.2016.00209

29. CORNISH, B. H.; JACOBS, A.; THOMAS, B. J.; WARD, L. C.: Optimizing electrode sites for segmental bioimpedance measurements. In: *Physiological Measurement* 23 (1999), S. 1226–1243

30. CYBULSKI, G.: *Ambulatory Impedance Cardiography*. Springer Berlin Heidelberg, 2011. – ISBN 978-3-642-11987-3

31. CYBULSKI, G.; STRASZ, A.; NIEWIADOMSKI, W.; GASIOROWSKA, A.: Impedance cardiography: Recent advancements. In: *Cardiology Journal* 19 (2012), S. 550–556. https://doi.org/10.5603/CJ.2012.0104. – DOI 10.5603/CJ.2012.0104

32. DE LUCA, C. J.; GILMORE, L. D.; KUZNETSOV, M.; ROY, S. H.: Filtering the surface EMG signal: Movement artifact and baseline noise contamination. In: *Journal of Biomechanics* 43 (2010), S. 1573–1579. https://doi.org/10.1016/j.jbiomech.2010.01.027. – DOI 10.1016/j.jbiomech.2010.01.027

33. DUREN, D. L.; SHERWOOD, R. J.; CZERWINSKI, S. A.; LEE, M.; CHOH, A. C.; SIERVOGEL, R. M.; CHUMLEA, W. C.: Body Composition Methods: Comparisons and Interpretation. In: *Journal of Diabetes Science and Technology* 2 (2008), S. 1139–1146. https://doi.org/10.1177/193229680800200623. – DOI 10.1177/193229680800200623

34. ELKENANI, H.; AL- BAHKALI, E.; SOULI, M.: Numerical Investigation of Pulse Wave Propagation in Arteries Using Fluid Structure Interaction Capabilities. In: *Computational and Mathematical Methods in Medicine* (2017), S. 1–7. https://doi.org/10.1155/2017/4198095. – DOI 10.1155/2017/4198095

35. *Kapitel* Electrical Impedance Plethysmography. In: EYÜBOGLU, B. M.: *Wiley Encyclopedia of Biomedical Engineering*. A John Wiley & Sons, 2006. – ISBN 978-0471740360, S. 1226–1235

36. FAES, T. J.; MEIJ, H. A. d.; MUNCK, J. C.; HEETHAAR, R. M.: The electric resistivity of human tissues (100 Hz–10 MHz): a meta-analysis of review studies. In: *Physiological Measurement* 20 (1999), S. R1–10. https://doi.org/10.1088/0967-3334/20/4/201. – DOI 10.1088/0967-3334/20/4/201

37. *Kapitel* Respiration Measurements. In: FANELLI, V.; FERRARI, A.; RANIERI, V. M.: *Wiley Encyclopedia of Biomedical Engineering*. A John Wiley & Sons, 2006. – ISBN 978-0471740360, S. 3033–3045

38. FARINA, D.; JIANG, N.; REHBAUM, H.; HOLOBAR, A.; GRAIMANN, B.; DIETL, H.; ASZMANN, O. C.: The extraction of neural information from the surface EMG for the control of upper-limb prostheses: emerging avenues and challenges. In: *IEEE Transactions on Neural Systems and Rehabilitation Engineering* 22 (2014), S. 797–809. https://doi.org/10.1109/TNSRE.2014.2305111. – DOI 10.1109/TNSRE.2014.2305111

39. FERREIRA, J.; SEOANE, F.; LINDECRANTZ, K.: Portable bioimpedance monitor evaluation for continuous impedance measurements. Towards wearable plethysmography applica-

tions. In: *Annual International Conference of the IEEE Engineering in Medicine and Biology Society*, 2013

40. FETICS, B.; NEVO, E.; CHEN, C.-H.; KASS, D. A.: Parametric Model Derivation of Transfer Function for Noninvasive Estimation of Aortic Pressure by Radial Tonometry. In: *IEEE Transactions on Biomedical Engineering* 46 (1999), S. 698–702. https://doi.org/10.1109/10.764946. – DOI 10.1109/10.764946

41. FRERICHS, I.: Electrical impedance tomography (EIT) in applications related to lung and ventilation: a review of experimental and clinical activities. In: *Physiological Measurement* 21 (2000), S. R1–R21. https://doi.org/10.1088/0967-3334/21/2/201. – DOI 10.1088/0967–3334/21/2/201

42. GAGGERO, P. O.; ADLER, A.; BRUNNER, J.; SEITZ, P.: Electrical Impedance Tomography System Based on Active Electrodes. In: *Physiological Measurement* 33 (2012), S. 831–847. https://doi.org/10.1088/0967-3334/33/5/831. – DOI 10.1088/0967–3334/33/5/831

43. GEHRKE, W.; WINZKER, M.; URBANSKI, K.; WOITOWITZ, R.: *Digitaltechnik*. Springer Vieweg, 2016. – ISBN 978–3–662–49731–9

44. GOMEZ- CLAPERS, J.; CASANELLA, R.; PALLAS- ARENY, R.: Pulse arrival time estimation from the impedance plethysmogram obtained with a handheld device. In: *Annual International Conference of the IEEE Engineering in Medicine and Biology Society*, 2011

45. GORDON, R.; LAND, R.; MIN, M.; PARVE, T.; SALO, R.: A Virtual System for Simultaneous Multi-frequency Measurement of Electrical Bioimpedance. In: *International Journal of Bioelectromagnetism* 7 (2005), S. 1–4

46. GRACIA, J.; SEPPA, V. P.; VIIK, J.; HYTTINEN, J.: Multilead Measurement System for the Time-Domain Analysis of Bioimpedance Magnitude. In: *IEEE Transactions on Biomedical Engineering* 59 (2012), S. 2273–2280. https://doi.org/10.1109/TBME.2012.2202318. – DOI 10.1109/TBME.2012.2202318

47. GRIMNES, S.; MARTINSEN, O. G.: *Bioimpedance and Bioelectricity Basics*. 2nd Edition. Academic Press, Waltham, 2008. – ISBN 978–0–12–374004–5

48. HAMILTON, P. K.; LOCKHART, C. J.; QUINN, C. E.; MCVEIGH, G. E.: Arterial stiffness: clinical relevance, measurement and treatment. In: *Clinical Science* 113 (2007), S. 157–170. https://doi.org/10.1042/CS20070080. – DOI 10.1042/CS20070080

49. HARIKUMAR, R.; PRABU, R.; RAGHAVAN, S.: Electrical Impedance Tomography (EIT) and Its Medical Applications: A Review. In: *International Journal of Soft Computing and Engineering* 3 (2013), S. 193–198

50. HAUSCHILD, S.: *Hard- und Softwareentwicklung zur Beurteilung der Auswirkung mehrerer Stromquellen bei der Bioimpedanzmessung*, Fachhochschule Lübeck, Bachelorarbeit, Okt. 2016

51. *Kapitel* Geräte und Methoden der Klinischen Neurophysiologie (EEG, EMG/ENG, EP). In: HOFFMANN, K. P.; KRECHEL, U.: *Medizintechnik*. Springer-Verlag, 2011. – ISBN 978–3–642–16186–5, S. 155–192

52. HOLTER, D.: *Electrical Impedance Tomography*. 2nd Edition. CRC Press, 2004. – ISBN 978–0–12–374004–5

53. HUANG, W. H.; CHUI, C. K.; TEOH, S. H.; CHANG, S. K. Y.: A Multiscale Model for Bioimpedance Dispersion of Liver Tissue. In: *IEEE Transactions on Biomedical*

Engineering 59 (2012), S. 1593–1597. https://doi.org/10.1109/TBME.2012.2190511. – DOI 10.1109/TBME.2012.2190511

54. HUERTA- FRANCO, M. R.; VARGAS- LUNA, M.; MONTES- FRAUSTO, J. B.; FLORES- HERNANDEZ, C.; MORALES- MATA, I.: Electrical bioimpedance and other techniques for gastric emptying and motility evaluation. In: *World Journal of Gastrointestinal Pathophysiology* 3 (2012), S. 10–18. https://doi.org/10.4291/wjgp.v3.i1.10. – DOI 10.4291/wjgp.v3.i1.10

55. HUSAR, P.: *Biosignalverarbeitung*. Springer, 2010. – ISBN 978–3–642–12657–4

56. IBRAHIM, B.; HALL, D. A.; JAFARI, R.: Bio-impedance spectroscopy (BIS) measurement system for wearable devices. In: *IEEE Biomedical Circuits and Systems Conference*, 2017

57. IVORRA, A.: *Bioimpedance Monitoring for physicians: an overview*. 2003. – Centre Nacional de Microelectronica – Biomedical Applications Group

58. IVORRA, A.; GENESCÀ, M.; SOLA, A.; PALACIOS, L.; VILLA, R.; HOTTER, G.; AGUILÓ, J.: Bioimpedance dispersion width as a parameter to monitor living tissues. In: *Physiological Measurement* 26 (2005), Nr. 2, 165–174. https://doi.org/10.1088/0967-3334/26/2/016. – DOI 10.1088/0967–3334/26/2/016

59. JENSKY- SQUIRES, N. E.; DIELI- CONWRIGHT, C. M.; ROSSUELLO, A.; ERCEG, D. N.; MCAULEY, S.; SCHROEDER, E. T.: Validity and reliability of body composition analysers in children and adults. In: *The British Journal of Nutrition* 100 (2008), S. 859–865. https://doi.org/10.1017/S0007114508925460. – DOI 10.1017/S0007114508925460

60. JONGSCHAAP, H. C. N.; WYTCH, R.; HUTCHISON, J. M. S.; KULKARNI, V.: Electrical impedance tomography: a review of current literature. In: *European Journal of Radiology* 18 (1994), S. 165–174. https://doi.org/10.1016/0720-048X(94)90329-8. – DOI 10.1016/0720–048X(94)90329–8

61. KAUFMANN, S.; MALHOTRA, A.; ARDELT, G.; HUNSCHE, N.; BREßLEIN, K.; KUSCHE, R.; RYSCHKA, M.: A System for In-Ear Pulse Wave Measurements. In: *Proceedings of the third Student Conference on Medical Engineering Science*, 2014, S. 271–274

62. KAUFMANN, S.; MALHOTRA, A.; ARDELT, G.; RYSCHKA, M.: A high accuracy broadband measurement system for time resolved complex bioimpedance measurements. In: *Physiological Measurement* 35 (2014), S. 1163–1180. https://doi.org/10.1088/0967-3334/35/6/1163. – DOI 10.1088/0967–3334/35/6/1163

63. KAUFMANN, S.: *Instrumentierung der Bioimpedanzmessung – Optimierung mit Fokus auf die Elektroimpedanztomographie (EIT)*. Springer Vieweg, 2015. – ISBN 978–3–658–09771–4

64. KAZANAVICIUS, E.; GIRCYS, R.; VRUBLIAUSKAS, A.; LUGIN, S.: Mathematical Methods for Determining the Foot Point of the Arterial Pulse Wave and Evaluation of Proposed Methods. In: *Information Technology and Control* 34 (2005), S. 29–36

65. KESTER, W.: Which ADC Architecture Is Right for Your Application? In: *Analog Dialogue* 39 (2005), S. 11–18. – ISSN 0161–3626

66. KESTER, W.: Understand SINAD, ENOB, SNR, THD, THD + N, and SFDR so You Don't Get Lost in the Noise Floor / Analog Devices. 2008. – Forschungsbericht

67. KHAN, S.; BORSIC, A.; MANWARING, P.; HARTOV, A.; HALTER, R.: FPGA Based High Speed Data Acquisition System for Electrical Impedance Tomography. In: *XV Int. Conf. on Electrical Bio-Impedance & XIV Conf. on Electrical Impedance Tomography*, 2013

68. KOBELEV, A. V.; SHCHUKIN, S. I.: Anthropomorphic prosthesis control based on the electrical impedance signals analysis. In: *Ural Symposium on Biomedical Engineering, Radioelectronics and Information Technology*, 2018, S. 33–36

69. KORTEWEG, D. J.: über Die Fortpflanzungsgeschwindigkeit Des Schalles in Elastischen Röhren. In: *Ann. Phys. Chem.* 241 (1878), Nr. 12, S. 525–542

70. KUSCHE, R.; ADORNETTO, T. D.; KLIMACH, P.; RYSCHKA, M.: A Bioimpedance Measurement System for Pulse Wave Analysis. In: *8th International Workshop on Impedance Spectroscopy*, 2015

71. KUSCHE, R.; HAUSCHILD, S.; RYSCHKA, M.: Galvanically Decoupled Current Source Modules for Multi-Channel Bioimpedance Measurement Systems. In: *Electronics* 6 (2017), Nr. 4. https://doi.org/10.3390/electronics6040090. – DOI 10.3390/electronics6040090

72. KUSCHE, R.; HAUSCHILD, S.; RYSCHKA, M.: A bioimpedance-based cardiovascular measurement system. In: *World Congress on Medical Physics and Biomedical Engineering Juni 3-8, 2018, Prag, Tschechische Republik* Bd. 68, Springer, 2018 (IFMBE Proceedings), S. 839–842. – ISBN-13: 978-981-10-9038-7

73. KUSCHE, R.; KAUFMANN, S.; RYSCHKA, M.: Design, Development and Comparison of two Different Measurements Devices for Time-Resolved Determination of Phase Shifts of Bioimpedances. In: *Proceedings of the third Student Conference on Medical Engineering Science*, 2014, S. 115–119

74. KUSCHE, R.; KLIMACH, P.; MALHOTRA, A.; KAUFMANN, S.; RYSCHKA, M.: An In-Ear Pulse Wave Velocity Measurement System Using Heart Sounds as Time Reference. In: *Current Directions in Bioimedical Engineering* 1 (2015), S. 366–370. https://doi.org/10.1515/cdbme-2015-0090. – DOI 10.1515/cdbme–2015–0090

75. KUSCHE, R.; KLIMACH, P.; MALHOTRA, A.; KAUFMANN, S.; RYSCHKA, M.: An In-Ear Pulse Wave Velocity Measurement System Using Heart Sounds as Time Reference. In: *Annual Conference of the German Society for Biomedical Engineering*, 2015

76. KUSCHE, R.; KLIMACH, P.; RYSCHKA, M.: A Multichannel Real-Time Bioimpedance Measurement Device for Pulse Wave Analysis. In: *IEEE Transactions on Biomedical Circuits and Systems* 12 (2018), Nr. 3, S. 614–622. https://doi.org/10.1109/TBCAS.2018.2812222. – DOI 10.1109/TBCAS.2018.2812222

77. KUSCHE, R.; LINDENBERG, A.-V.; HAUSCHILD, S.; RYSCHKA, M.: Aortic pulse wave velocity measurement via heart sounds and impedance plethysmography. In: *World Congress on Medical Physics and Biomedical Engineering Juni 3–8, 2018, Prag, Tschechische Republik* Bd. 68, Springer, 2018 (IFMBE Proceedings), S. 843–846. – ISBN-13: 978-981-10-9038-7

78. KUSCHE, R.; MALHOTRA, A.; RYSCHKA, M.; ARDELT, G.; KLIMACH, P.; KAUFMANN, S.: A FPGA-Based Broadband EIT System for Complex Bioimpedance Measurement – Design and Performance Estimation. In: *Electronics* 4 (2015), Nr. 3, S. 507–525. https://doi.org/10.3390/electronics4030507. – DOI 10.3390/electronics4030507

79. KUSCHE, R.; MALHOTRA, A.; RYSCHKA, M.; KAUFMANN, S.: A Portable In-Ear Pulse Wave Measurement System. In: *Annual Conference of the German Society for Biomedical Engineering*, 2014

80. KUSCHE, R.; RYSCHKA, M.: Respiration monitoring by combining EMG and bioimpedance measurements. In: *World Congress on Medical Physics and Biomedical Engi-*

neering Juni 3–8, 2018, Prag, Tschechische Republik Bd. 68, Springer, 2018 (IFMBE Proceedings), S. 847–850. – ISBN-13: 978-981-10-9038-7

81. KUSCHE, R.; KAUFMANN, S.; RYSCHKA, M.: Dry electrodes for bioimpedance measurements – design, characterization and comparison. In: *Biomedical Physics & Engineering Express* 5 (2018). https://doi.org/10.1088/2057-1976/aaea59. – DOI 10.1088/2057–1976/aaea59

82. KUSCHE, R.; LINDENBERG, A.-V.; HAUSCHILD, S.; RYSCHKA, M.: Aortic frequency response determination via bioimpedance plethysmography. In: *IEEE Transactions on Biomedical Engineering* (2019). https://doi.org/10.1109/TBME.2019.2902721. – DOI 10.1109/TBME.2019.2902721

83. KUSCHE, R.; RYSCHKA, M.: Combining Bioimpedance and EMG Measurements for Reliable Muscle Contraction Detection. In: *IEEE Sensors Journal* (2019). https://doi.org/10.1109/JSEN.2019.2936171. – DOI 10.1109/JSEN.2019.2936171

84. KUSCHE, R.; RYSCHKA, M.: *Verfahren und Stift zur Personenidentifikation und Schrifterkennung.* 2019. – Offenlegungsschrift, DE 102019204714.9

85. KUSCHE, R.; RYSCHKA, M.: *Verfahren und Vorrichtung zur Detektion von Zwerchfellkontraktionen.* 2019. – Offenlegungsschrift, DE 102019203052.1

86. KYLE, U. G.; BOSAEUS, I.; DE LORENZO, A. D.; DEURENBERG, P.; ELIA, M.; GÓMEZ, J. M.; HEITMANN, B. L.; KENT- SMITH, L.; MELCHIOR, J. C.; PIRLICH, M.; SCHARFETTER, H.; SCHOLS, A. M.; PICHARD, C.: Bioelectrical impedance analysis part I: review of principles and methods. In: *Clinical Nutrition* 41 (2004), S. 85–101. https://doi.org/10.1016/j.clnu.2004.06.004. – DOI 10.1016/j.clnu.2004.06.004

87. *Kapitel* Cardiovascular Physiology: Autonomic Control in Health and in Sleep Disorders. In: LANFRANCHI, P. A.; PÉPIN, J.-L.; SOMERS, V. K.: *Principles and Practice of Sleep Medicine.* Elsevier, 2017. – ISBN 978–0–323–24288–2, S. 142–154

88. LANSING, R.; SAVELLE, J.: Chest surface recording of diaphragm potentials in man. In: *Electroencephalography and Clinical Neurophysiology* 72 (1989), S. 59–68. https://doi.org/10.1016/0013-4694(89)90031-X. – DOI 10.1016/0013–4694(89)90031–X

89. LEE, W.; CHO, S.: Integrated All Electrical Pulse Wave Velocity and Respiration Sensors Using Bio-Impedance. In: *IEEE Journal of Solid-State Circuits* 50 (2015), S. 776–785. https://doi.org/10.1109/JSSC.2014.2380781. – DOI 10.1109/JSSC.2014.2380781

90. LEITGEB, N.: *Sicherheit von Medizingeräten.* Springer, 2010. – ISBN 978–3–211–99367–5

91. LERCH, R.: *Elektrische Messtechnik.* Springer Vieweg, 2016. – ISBN 978–3–662–46941–5

92. LI, L.; SHIN, H.; LI, X.; LI, S.; ZHOU, P.: Localized Electrical Impedance Myography of the Biceps Brachii Muscle during Different Levels of Isometric Contraction and Fatigue. In: *Sensors* 16 (2016). https://doi.org/10.3390/s16040581. – DOI 10.3390/s16040581

93. LINDENBERG, A.-V.: *Entwicklung eines Messsystems zur Bestimmung der Pulswellengeschwindigkeit in der Aorta mittels Impedanzplethysmographie,* Technische Hochschule Lübeck, Bachelorarbeit, Apr. 2019

94. LIU, S. H.; CHENG, D. C.; SU, C. H.: A Cuffless Blood Pressure Measurement Based on the Impedance Plethysmography Technique. In: *Sensors* 21 (2017). https://doi.org/10.3390/s17051176. – DOI 10.3390/s17051176

95. LUCAS, M.-F.; GAUFRIAU, A.; PASCUAL, S.; DONCARLI, C.; FARINA, D.: Multi-channel surface EMG classification using support vector machines and signal-based wavelet

optimization. In: *Biomedical Signal Processing and Control* 3 (2008), S. 169–174. https://doi.org/10.1016/j.bspc.2007.09.002. – DOI 10.1016/j.bspc.2007.09.002

96. *Kapitel* Bioelectrical Impedance Vector Analysis for Assessment of Hydration in Physiological States and Clinical Conditions. In: LUKASKI, H. C.; PICCOLI, A.: *Handbook of Anthropometry*. Springer, New York, NY, 2012. – ISBN 978–1–4419–1788–1, S. 287–305

97. MANNING, T. S.; SHYKOFF, B. E.; IZZO, J. L.: Validity and Reliability of Diastolic Pulse Contour Analysis (Windkessel Model) in Humans. In: *Hypertension* 39 (2002), S. 963–968. https://doi.org/10.1161/01.HYP.0000016920.96457.7C. – DOI 10.1161/01.HYP.0000016920.96457.7C

98. MARQUEZ, J. C.; REMPFLER, M.; SEOANE, F.; LINDECRANTZ, K.: Textrode-enabled transthoracic electrical bioimpedance measurements – towards wearable applications of impedance cardiography. In: *Journal of Electrical Bioimpedance* 4 (2013), S. 45–50. https://doi.org/10.5617/jeb.542. – DOI 10.5617/jeb.542

99. MARTINSEN, G.; NORDBOTTEN, B.; GRIMNES, S.; FOSSAN, H.; EILEVSTJNN, J.: Bioimpedance-Based Respiration Monitoring With a Defibrillator. In: *IEEE Transactions on Biomedical Engineering* 61 (2014), S. 1858–1862. https://doi.org/10.1109/TBME.2014.2308924. – DOI 10.1109/TBME.2014.2308924

100. *Kapitel* Bioimpedance. In: MARTINSEN, S.; GRIMNES ØRJAN, G.: *Wiley Encyclopedia of Biomedical Engineering*. A John Wiley & Sons, 2006. – ISBN 978–0471740360

101. MATTACE- RASO, F.; HOFMAN, A.; VERWOERT, G. C.; WITTEMANA, J. C.; WILKINSON, I.; COCKCROFT, J.: Determinants of pulse wave velocity in healthy people and in the presence of cardiovascular risk factors: 'establishing normal and reference values'. In: *European Heart Journal* 31 (2010), Nr. 19, S. 2338–2350. https://doi.org/10.1093/eurheartj/ehq165. – DOI 10.1093/eurheartj/ehq165

102. MATTHIE, J. R.: Bioimpedance measurements of human body composition: critical analysis and outlook. In: *Expert Review of Medical Devices* 5 (2008), S. 239–261. https://doi.org/10.1586/17434440.5.2.239. – DOI 10.1586/17434440.5.2.239

103. *Kapitel* Optical Sensors. In: MENDELSON, Y.: *The Biomedical Engineering Handbook: Second Edition*. CRC Press, 2000. – ISBN 978–0849385940

104. MENGDEN, T.; HAUSBERG, M.; HEISS, C.; MITCHELL, A.; NIXDORFF, U.; OTT, C.; SCHMIDT- TRUCKSÄSS, A.; WASSERTHEURER, S.: Arterielle Gefäßsteifigkeit – Ursachen und Konsequenzen. In: *Kardiologe* 10 (2016), S. 38–46. https://doi.org/10.1007/s12181-015-0041-5. – DOI 10.1007/s12181–015–0041–5

105. MERLETTI, R.: The electrode-skin interface and optimal detection of bioelectric signals. In: *Physiological Measurement* 31 (2010). https://doi.org/10.1088/0967-3334/31/10/E01. – DOI 10.1088/0967–3334/31/10/E01

106. MEYER, M.: *Signalverarbeitung*. Springer Vieweg, 2017. – ISBN 978–3–658–18321–9

107. MIALICH, M. S.; SICCHIERI, J. M. F.; JUNIOR, A. A. J.: Analysis of Body Composition: A Critical Review of the Use of Bioelectrical Impedance Analysis. In: *International Journal of Clinical Nutrition* 2 (2014), S. 1–10. https://doi.org/10.12691/ijcn-2-1-1. – DOI 10.12691/ijcn–2–1–1

108. MIN, M.; LAND, R.; MÄRTENS, O.; PARVE, T.; RONK, A.: A Sampling Multichannel Bioimpedance Analyzer for Tissue Monitoring. In: *26th Annual International Conference of the IEEE EMBS*, 2004

109. MIN, M.; LAND, R.; PAAVLE, T.; PARVE, T.; ANNUS, P.; TREBBELS, D.: Broadband spectroscopy of dynamic impedances with short chirp pulses. In: *Physiological Measurement* 32 (2011), S. 945–958. https://doi.org/10.1088/0967-3334/32/7/S16. – DOI 10.1088/0967-3334/32/7/S16

110. MIN, M.; PARVE, T.; RONK, A.; ANNUS, P.; PAAVLE, T.: Synchronous Sampling and Demodulation in an Instrument for Multifrequency Bioimpedance Measurement. In: *IEEE Transactions on Instrumentation and Measurement* 56 (2007), S. 1365–1372. https://doi.org/10.1109/TIM.2007.900163. – DOI 10.1109/TIM.2007.900163

111. MUNAKATA, M.: Brachial-Ankle Pulse Wave Velocity: Background, Method, and Clinical Evidence. In: *Pulse* 3 (2016), 04, Nr. 3, S. 195–204. https://doi.org/10.1159/000443740. – DOI 10.1159/000443740

112. NESCOLARDE, L.; YANGUAS, J.; LUKASKI, H.; ALOMAR, X.; ROSELL-FERRER, J.; RODAS, G.: Localized bioimpedance to assess muscle injury. In: *Physiological Measurement* 34 (2013), S. 237–245. https://doi.org/10.1088/0967-3334/34/2/237. – DOI 10.1088/0967-3334/34/2/237

113. *Kapitel* Biopotential Electrodes. In: NEUMANN, M. R.: *The Biomedical Engineering Handbook: Second Edition.* CRC Press, 2000. – ISBN 978-0849385940

114. *Kapitel* Biopotential Electrodes. In: NEUMANN, M. R.: *Medical Instrumentation – Application and Design.* John Wiley and Sons, 2010. – ISBN 978-0471676003, S. 189–240

115. *Kapitel* Biopotential Amplifiers. In: NEUMANN, M. R.: *Medical Instrumentation - Application and Design.* John Wiley and Sons, 2010. – ISBN 978-0471676003, S. 241–292

116. NICHOLS, W. W.; SINGH, B. M.: Augmentation index as a measure of peripheral vascular disease state. In: *Current Opinion in Cardiology* 17 (2002), S. 543–551. https://doi.org/10.1097/00001573-200209000-00016. – DOI 10.1097/00001573-200209000-00016

117. NORM: *DIN 1319-1 – Grundlagen der Messtechnik – Teil 1: Grundbegriffe.* 1995

118. NORM: *DIN EN 60601-1 (VDE 0750-1) – Medizinisch elektrische Geräte – Teil 1: Allgemeine Festlegungen für die Sicherheit einschließlich der wesentlichen Leistungsmerkmale.* 2007. – Deutsche Fassung

119. NORRIS, D. P. M.: *Design and Development of Medical Electronic Instrumentation.* Wiley, 2004. – ISBN 978-0471681847

120. NYBOER, J.; KREIDER, M. M.; HANNAPEL, L.: Electrical impedance plethysmography; a physical and physiologic approach to peripheral vascular study. In: *Circulation* 2 (1950), Nr. 6, S. 811–821

121. OH, T. I.; WI, H.; KIM, D. Y.; YOO, P. J.; WOO, E. J.: A fully parallel multi-frequency EIT system with flexible electrode configuration: KHU Mark2. In: *Physiological Measurement* 32 (2011), S. 835–849. https://doi.org/10.1088/0967-3334/32/7/S08. – DOI 10.1088/0967-3334/32/7/S08

122. *Kapitel* Bioelectric Impedance Measurements. In: PATTERSON, R.: *The Biomedical Engineering Handbook: Second Edition.* CRC Press, 2000. – ISBN 978-0849304613, S. 1–9

123. PEREIRA, T.; CORREIA, C.; CARDOSO, J.: Novel Methods for Pulse Wave Velocity Measurement. In: *Journal of Medical and Biological Engineering* 35 (2015), S. 555–565. https://doi.org/10.1007/s40846-015-0086-8. – DOI 10.1007/s40846-015-0086-8

124. PULLETZ, S.; GENDERINGEN, H. R.; SCHMITZ, G.; ZICK, G.; SCHÄDLER, D.; SCHOLZ, J.; WEILER, N.; FRERICHS, I.: Comparison of different methods to define regions of interest for evaluation of regional lung ventilation by EIT. In: *Physiological Measurement* 27 (2006), S. 115–127. https://doi.org/10.1088/0967-3334/27/5/S10. – DOI 10.1088/0967–3334/27/5/S10

125. PUSTELNY, T.; STRUK, P.; NAWRAT, Z.; GAWLIKOWSKI, M.: Design and numerical analyses of the human greater circulatory system. In: *The European Physical Journal Special Topics* 154 (2008), S. 171–174. https://doi.org/10.1140/epjst/e2008-00539-8. – DOI 10.1140/epjst/e2008–00539–8

126. RAFIEE, J.; RAFIEE, M. A.; YAVARI, F.; SCHOEN, M. P.: Feature extraction of forearm EMG signals for prosthetics. In: *Expert Systems with Applications* 38 (2010), S. 4058–4067. https://doi.org/10.1016/j.eswa.2010.09.068. – DOI 10.1016/j.eswa.2010.09.068

127. RAJZER, M. W.; WOJCIECHOWSKA, W.; KLOCEK, M.; PALKA, I.; BRZOZOWSKA-KISZKA, M.; KAWECKA-JASZCZ, K.: Comparison of aortic pulse wave velocity measured by three techniques: Complior, SphygmoCor and Arteriograph. In: *Journal of Hypertension* 26 (2008), Nr. 10, S. 2001–2007. https://doi.org/10.1097/HJH.0b013e32830a4a25. – DOI 10.1097/HJH.0b013e32830a4a25

128. RIGAUD, B.; HAMZAOUI, L.; CHAUVEAU, N.; GRANIÉ, M.; SCOTTO DI RINALDI, J. P.; MORUCCI, J. P.: Tissue characterization by impedance: a multifrequency approach. In: *Physiological Measurement* 15 (1994), S. A13–A20

129. RIJN, A. C. M.; PEPER, A.; GRIMBERGEN, C. A.: High-quality recording of bioelectric events. In: *Medical and Biological Engineering and Computing* 28(1990), S. 389–397. https://doi.org/10.1007/BF02441961. – DOI 10.1007/BF02441961

130. *Kapitel* Assistive Technology. In: ROCA-DORDA, J.; DEL-CAMPOADRIAN, M. E.; ROCA-GONZALEZ, J.; SANEIRO-SILVA, M.: *Wiley Encyclopedia of Biomedical Engineering*. A John Wiley & Sons, 2006. – ISBN 978–0471740360, S. 201–231

131. ROSELL, J.; COLOMINAS, J.; RIU, P.; PALLAS-ARENY, R.; WEBSTER, J. G.: Skin impedance from 1 Hz to 1 MHz. In: *IEEE Transactions on Biomedical Engineering* 35 (1988), S. 649–651. https://doi.org/10.1109/10.4599. – DOI 10.1109/10.4599

132. ROSNOL RF MICROWAVE TECHNOLOGY (Hrsg.): *Datenblatt RG-58C/U*. Taiwan: Rosnol RF / Microwave Technology, 2010

133. RUTKOVE, S. B.: Electrical Impedance Myography: Background, Current State, and Future Directions. In: *Muscle and Nerve* 40 (2009), Nr. 6, S. 936–946. https://doi.org/10.1002/mus.21362. – DOI 10.1002/mus.21362

134. RUTKOVE, S. B.; CARESS, J. B.; CARTWRIGHT, M. S.; BURNS, T. M.; WARDER, J.; DAVID, W. S.; GOYAL, N.; MARAGAKIS, N. J.; CLAWSON, L.; BENATAR, M.; USHER, S.; SHARMA, K. R.; GAUTAM, S.; NARAYANASWAMI, P.; RAYNOR, E. M.; WATSON, M. L.; SHEFNER, J. M.: Electrical impedance myography as a biomarker to assess ALS progression. In: *Amyotrophic Lateral Sclerosis* 13 (2012), Nr. 5, S. 439–445. https://doi.org/10.3109/17482968.2012.688837. – DOI 10.3109/17482968.2012.688837

135. RUTKOVE, S. B.; ESPER, G. J.; LEE, K. S.; AARON, R.; SHIFFMAN, C. A.: Electrical impedance myography in the detection of radiculopathy. In: *Muscle and Nerve* 32 (2005), Nr. 3, S. 335–341. https://doi.org/10.1002/mus.20377. – DOI 10.1002/mus.20377

136. RYSCHKA, M.; ARDELT, G.; MALHOTRA, A.; KUSCHE, R.; KAUFMANN, S.: *Method and device for measuring pulse wave velocity of a measuring person*. 2015. – Offenlegungsschrift, EP 3042605A1

137. RYSCHKA, M.; ARDELT, G.; MALHOTRA, A.; KUSCHE, R.; KAUFMANN, S.: emphVerfahren und Vorrichtung zur Messung der Pulswellengeschwindigkeit einer Messperson. 2015. – Offenlegungsschrift, DE 102015000328

138. RYSCHKA, M.; KUSCHE, R.: *Messverfahren und Messvorrichtung zur nicht-invasiven Messung der aortalen Pulswellengeschwindigkeit einer Messperson*. 2016. – Offenlegungsschrift, DE 102016004462

139. RYSCHKA, M.; KUSCHE, R.: *Measurement method and measuring device for noninvasively measuring the aortal pulse wave velocity of a measurement subject*. 2017. – Offenlegungsschrift, WO/2017/174334

140. RYSCHKA, M.; KUSCHE, R.: *Orthesen- oder Prothesen-System und Verfahren zur Orthesen- oder Prothesen-steuerung oder -regelung*. 2018. – Patent DE 102018205306

141. RYSCHKA, M.; KUSCHE, R.: *Orthesen- oder Prothesen-System und Verfahren zur Orthesen- oder Prothesen-steuerung oder -regelung*. 2019. – Offenlegungsschrift, PCT/EP2019/058135

142. RYSCHKA, M.; KUSCHE, R.: *Orthesen- oder Prothesen-System und Verfahren zur Orthesen- oder Prothesen-steuerung oder -regelung*. 2019. – Offenlegungsschrift, DE 102017217905.8

143. SALVI, P.: *Pulse Waves: How Vascular Hemodynamics Affects Blood Pressure*. Springer-Verlag, 2012. – ISBN 978–88–470–2439–7

144. SANCHEZ, B.; LI, J.; GEISBUSH, T.; BARDIA, R. B.; RUTKOVE, S. B.: Impedance Alterations in Healthy and Diseased Mice During Electrically Induced Muscle Contraction. In: *IEEE Transactions on Biomedical Engineering* 63 (2016), S. 1602–1612. https://doi.org/10.1109/TBME.2014.2320132. – DOI 10.1109/TBME.2014.2320132

145. SANCHEZ, B.; LOUARROUDI, E.; JORGE, E.; CINCA, J.; BRAGOS, R.; PINTELON, R.: A new measuring and identification approach for time-varying bioimpedance using multisine electrical impedance spectroscopy. In: *Physiological Measurement* 34 (2013), S. 339–357. https://doi.org/10.1088/0967-3334/34/3/339. – DOI 10.1088/0967–3334/34/3/339

146. SANCHEZ, B.; RUTKOVE, S. B.: Present Uses, Future Applications, and Technical Underpinnings of Electrical Impedance Myography. In: *Current Neurology and Neuroscience Reports* 17 (2017), S. 1–8. https://doi.org/10.1007/s11910-017-0793-3. – DOI 10.1007/s11910–017–0793–3

147. SCHERER, E.; KUSCHE, R.; KLIMACH, P.; RYSCHKA, M.: Pulse Wave Analysis of Minuscule Ear Movements by Video Signal Processing. In: *Annual Conference of the German Society for Biomedical Engineering*, 2015

148. SCHERER, E.: *Coupling Mechanism Between Arterial Pulse Wave and Auditory Canal*, Fachhochschule Lübeck, Masterarbeit, Jan. 2016

149. SCHÖNTAG, P.: *Konzeptionierung eines Messphantoms zur Erzeugung realistischer Nutz- und Störsignale einer simultanen Elektromyographie und Impedanzmyographie*, Technische Hochschule Lübeck, Bachelorarbeit, Sept. 2018

150. SCHULTHEISS, C.; SCHAUER, T.; NAHRSTAEDT, H.; SEIDL, R. O.: Evaluation of an EMG bioimpedance measurement system for recording and analysing the pharyngeal phase of swallowing. In: *European Archives of Oto-Rhino-Laryngology* 270 (2013), S. 2149–2156. https://doi.org/10.1007/s00405-013-2406-3. – DOI 10.1007/s00405–013–2406–3

151. SCHULTHEISS, C.; SCHAUER, T.; NAHRSTAEDT, H.; SEIDL, R. O.: Automated Detection and Evaluation of Swallowing Using a Combined EMG/Bioimpedance Measurement System. In: *The Scientific World Journal* Article ID 405471 (2014), S. 1–7. https://doi. org/10.1155/2014/405471. – DOI 10.1155/2014/405471

152. SCHULZ, H.-J.; JARECKI, U.: *Dubbel Mathematik*. Springer, 2011. – ISBN 978–3–642–22059–3

153. SCHWAN, H. P.: Electrical properties of tissues and cell suspensions: mechanisms and models. In: *16th Annual International Conference of the IEEE Engineering in Medicine and Biology Society*, 1994

154. SCHWEIGER, M.; SCHWEIGER, M.; SCHWEIGER, M.-R.: *Biologie und molekulare Medizin: für Mediziner und Naturwissenschaftler*. 7. Thieme, 2015. – ISBN 978–3132034372

155. SEARLE, A.; KIRKUP, L.: A direct comparison of wet, dry and insulating bioelectric recording electrodes. In: *Physiological Measurement* 21 (2000), S. 271–283. https:// doi.org/10.1088/0967-3334/21/2/307. – DOI 10.1088/0967–3334/21/2/307

156. SEOANE, F.; FERREIRA, J.; SANCHÉZ, J. J.; BRAGÓS, R.: An analog front-end enables electrical impedance spectroscopy system on-chip for biomedical applications. In: *Physiological Measurement* 29 (2008), S. 267–278. https://doi.org/10.1088/0967-3334/29/6/S23. – DOI 10.1088/0967–3334/29/6/S23

157. SEOANE, F.: *Electrical Bioimpedance Cerebral Monitoring: Fundamental Steps towards Clinical Application*, Chalmers University of Technology Göteborg, Diss., 2007

158. SEPPÄ, V.-P.; VÄISÄNEN, J.; KAUPPINEN, P.; MALMIVUO, J.; HYTTINEN, J.: Measuring Respiratory Parameters with a Wearable Bioimpedance Device. In: *13th International Conference on Electrical Bioimpedance and the 8th Conference on Electrical Impedance Tomography*, 2007

159. SHIFFMAN, C. A.: Pre-contraction dynamic electrical impedance myography of the forearm finger flexors. In: *Physiological Measurement* 37 (2016), S. 291–313. https://doi. org/10.1088/0967-3334/37/2/291. – DOI 10.1088/0967–3334/37/2/291

160. SHIFFMAN, C. A.; AARON, R.; RUTKOVE, S. B.: Electrical impedance of muscle during isometric contraction. In: *Physiological Measurement* 24 (2003), Nr. 1, S. 213–234. https://doi.org/10.1088/0967-3334/24/1/316. – DOI 10.1088/0967–3334/24/1/316

161. SÖRNMO, L.; LAGUNA, P.: *Bioelectrical Signal Processing in Cardiac and Neurological Applications*. Academic Press, 2005. – ISBN 978–0124375529

162. STINY, L.: *Passive elektronische Bauelemente*. Springer Vieweg, 2015. – ISBN 978–3–658–08652–7

163. STRANNEBY, D.; WALKER, W.: *Digital Signal Processing and Applications*. Elsevier, 2004. – ISBN 978–0–7506–6344–1

164. STRAUß, F.: *Grundkurs Hochfrequenztechnik*. Springer Vieweg, 2017. – ISBN 978–3–658–18163–5

165. TARULLI, A.; ESPER, G. J.; LEE, K. S.; AARON, R.; SHIFFMAN, C. A.; RUTKOVE, S. B.: Electrical impedance myography in the bedside assessment of inflammatory myopathy. In: *Neurology* 65 (2005), Nr. 3, S. 451–452. https://doi.org/10.1212/01.wnl. 0000172338.95064.cb. – DOI 10.1212/01.wnl.0000172338.95064.cb

166. TEXAS INSTRUMENTS (Hrsg.): *Datenblatt AFE4300*. Dallas, USA: Texas Instruments, 2017

167. TIETZE, U.; SCHENK, C.: *Halbleiterschaltungstechnik*. Springer, 2002. – ISBN 978–3540428497

168. TORJESEN, A. A.; WANG, N.; LARSON, M. G.; HAMBURG, N. M.; VITA, J. A.; LEVY, D.; BENJAMIN, E. J.; VASAN, R. S.; MITCHELL, G. F.: Forward and backward wave morphology and central pressure augmentation in men and women in the Framingham Heart Study. In: *Hypertension* 64 (2014), S. 259–265. https://doi.org/10.1161/HYPERTENSIONAHA.114.03371. – DOI 10.1161/HYPERTENSIONAHA.114.03371

169. TORRES, R.; LÓPEZ- ISAZA, S.; MEJÍA- MEJÍA, E.; PANIAGUA, V.; GONZÁLEZ, V.: Low-power system for the acquisition of the respiratory signal of neonates using diaphragmatic electromyography. In: *Medical Devices: Evidence and Research* 10 (2017), S. 47–52. https://doi.org/10.2147/MDER.S125425. – DOI 10.2147/MDER.S125425

170. TORTORA, G. J.; DERRICKSON, B.: *Principles of Anatomy and Physiology, 13th ed.* John Wiley & Sons, Inc., 2011. – ISBN 978–1118107041

171. TOWNSEND, R. R.; WIMMER, N. J.; CHIRINOS, J. A.; PARSA, A.; WEIR, M.; PERUMAL, K.; LASH, J. P.; CHEN, J.; STEIGERWALT, S. P.; FLACK, J.; GO, A. S.; RAFEY, M.; RAHMAN, M.; SHERIDAN, A.; GADEGBEKU, C. A.; ROBINSON, N. A.; JOFFE, M.: Aortic PWV in chronic kidney disease: a CRIC ancillary study. In: *Am J Hypertens.* 23 (2010), S. 282–289. https://doi.org/10.1038/ajh.2009.240. – DOI 10.1038/ajh.2009.240

172. ULBRICH, M.; MÜHLSTEFF, J.; REITER, H.; MEYER, C.; LEONHARDT, S.: Wearable Solutions Using Bioimpedance for Cardiac Monitoring. In: *Recent Advances in Ambient Assisted Living – Bridging Assistive Technologies, e-Health and Personalized Health Care* 20 (2015), S. 30–44. https://doi.org/10.3233/978-1-61499-597-5-30. – DOI 10.3233/978–1–61499–597–5–30

173. VAN BORTEL, L. M.; LAURENT, S.; BOUTOUYRIE, P.; CHOWIENCZYK, P.; CRUICKSHANK, J. K.; DE BACKER, T.; FILIPOVSKY, J.; HUYBRECHTS, S.; MATTACE- RASO , F. U.; PROTOGEROU, A. D.; SCHILLACI, G.; SEGERS, P.; VERMEERSCH, S.; WEBER, T.: Expert consensus document on the measurement of aortic stiffness in daily practice using carotid-femoral pulse wave velocity. In: *Journal of Hypertension* 30 (2012), S. 445–448. https://doi.org/10.1097/HJH.0b013e32834fa8b0. – DOI 10.1097/HJH.0b013e32834fa8b0

174. VAUGHAN, R. G.; SCOTT, N. L.; WHITE, D. R.: The theory of bandpass sampling. In: *IEEE Transactions on Signal Processing* 39 (1991), S. 1973–1984. https://doi.org/10.1109/78.134430. – DOI 10.1109/78.134430

175. VEER, K.; SHARMA, T.: A novel feature extraction for robust EMG pattern recognition. In: *Journal of Medical Engineering & Technology* 40 (2016), S. 149–154. https://doi.org/10.3109/03091902.2016.1153739. – DOI 10.3109/03091902.2016.1153739

176. WANG, J.-J.; HU, W.-C.; KAO, T.; LIU, C. L.; LIN, S.-K.: Development of forearm impedance plethysmography for the minimally invasive monitoring of cardiac pumping function. In: *Journal of biomedical science and engineering* 4 (2011), S. 122–129. https://doi.org/10.4236/jbise.2011.42018. – DOI 10.4236/jbise.2011.42018

177. WASSERTHEURER, S.: Pulswelle und Blutdruck: Kurz und bündig! In: *Journal für Hypertonie* 14 (2010), S. 45–46

178. WASSERTHEURER, S.; KROPF, J.; WEBER, T.; GIET, M. van d.; BAULMANN, J.; AMMER, M.; HAMETNER, B.; MAYER, C. C.; EBER, B.; MAGOMETSCHNIGG, D.: A new oscillometric method for pulse wave analysis: comparison with a common tonometric method. In: *Journal of Human Hypertension* 24 (2010), S. 498–504. https://doi.org/10.1038/jhh.2010.27. – DOI 10.1038/jhh.2010.27

179. WEBSTER, J. G.: Reducing motion artifacts and interference in biopotential recording. In: *IEEE Transactions on Biomedical Engineering* 31 (1984), S. 823–826. https://doi. org/10.1109/TBME.1984.325244. – DOI 10.1109/TBME.1984.325244

180. WELZEL, T.; DEBBELER, C.; GRAESER, M.; KAUFMANN, S.; KUSCHE, R.; LÜDTKE-BUZUG, K. : Analyzing Superparamagnetic Iron Oxide Nanoparticles (SPIONs) Using Electrical Impedance Spectroscopy. In: *5th Interantional Workshop on Magnetic Particle Imaging*, 2015

181. WERNER, M.: *Nachrichtentechnik – Eine Einführung für alle Studiengänge.* Vieweg+Teubner, 2009. – ISBN 978–3–8348–9314–7

182. WI, H.; SOHAL, H.; MCEWAN, A. L.; WOO, E. J.; OH, T. I.: Multi-Frequency Electrical Impedance Tomography System With Automatic Self-Calibration for Long-Term Monitoring. In: *IEEE Transactions on Biomedical Circuits and Systems* 8 (2014), S. 119–128. https://doi.org/10.1109/TBCAS.2013.2256785. – DOI 10.1109/TBCAS.2013.2256785

183. WILKINSON, I. B.; FUCHS, S. A.; JANSEN, I. M.; SPRATT, J. C.; MURRAY, G. D.; COCKCROFT, J. R.; WEBB, D. J.: Reproducibility of pulse wave velocity and augmentation index measured by pulse wave analysis. In: *Journal of Hypertension* 16 (1998), S. 2079–2084. https://doi.org/10.1097/00004872-199816121-00033. – DOI 10.1097/00004872–199816121–00033

184. YACOUB, S.; RAOOF, K.: Noise Removal from Surface Respiratory EMG Signal. In: *International Journal of Electronics and Communication Engineering* 2 (2007), S. 266–273. https://doi.org/10.5281/zenodo.1334610. – DOI 10.5281/zenodo.1334610

185. YAMASHINA, A.; TOMIYAMA, H.; TAKEDA, K.; TSUDA, H.; ARAI, T.; HIROSE, K.; KOJI, Y.; HORI, S.; YAMAMOTO, Y.: Validity, reproducibility, and clinical significance of noninvasive brachial-ankle pulse wave velocity measurement. In: *Hypertension Research* 25 (2002), Nr. 3, S. 359–364. https://doi.org/10.1291/hypres.25.359. – DOI 10.1291/hypres.25.359

186. YANG, J.; KUSCHE, R.; RYSCHKA, M.; XIA, C. : Wrist Movement Detection for Prosthesis Control using Surface EMG and Triaxial Accelerometer. In: *IEEE 10th International Congress on Image and Signal Processing*, 2017

187. YANG, L.; DAI, M.; XU, C.; ZHANG, G.; LI, W.; FU, F.; SHI, X.; DONG, X.: The Frequency Spectral Properties of Electrode-Skin Contact Impedance on Human Head and Its Frequency-Dependent Effects on Frequency-Difference EIT in Stroke Detection from 10Hz to 1MHz. In: *Plos One* 12 (2017), S. 1–21. https://doi.org/10.1371/journal. pone.0170563. – DOI 10.1371/journal.pone.0170563

188. YOKUS, M. A.; JUR, J. S.: Fabric-Based Wearable Dry Electrodes for Body Surface Biopotential Recording. In: *IEEE Transactions on Biomedical Engineering* 63 (2016), S. 423–430. https://doi.org/10.1109/TBME.2015.2462312. – DOI 10.1109/TBME.2015.2462312

189. ZHANG, Y.; HARRISON, C.: Tomo: Wearable, Low-Cost Electrical Impedance Tomography for Hand Gesture Recognition. In: *28th Annual ACM Symposium on User Interface Software & Technology*, 2015, S. 167–173

190. *Kapitel* Heart Sounds and Stethoscopes. In: ZHANG, Y.-T.; CHAN, G.; ZHANG, X.-Y.; YIP, L.: *Wiley Encyclopedia of Biomedical Engineering.* A John Wiley & Sons, 2006. – ISBN 978–0471740360, S. 1824–1834

191. ZIOMEK, C.; CORREDOURA, P.: Digital I/Q Demodulator. In: *IEEE Particle Accelerator Conference*, 1995

192. ZUMBAHLEN, H.: *Linear Circuit Design Handbook.* Newnes, 2008. – ISBN 978–0–7506–8703–4

Lebenslauf

Roman Kusche

Persönliche Daten

Anschrift: Konsul-Francke-Straße 24,
21075 Hamburg
E-Mail: rk@romankusche.com

Beruflicher Werdegang

seit 08.2014 **Wissenschaftlicher Mitarbeiter**
Labor für Medizinische Elektronik, Technische Hochschule Lübeck

03.2014 – 08.2019 **Lehrbeauftragter**
Technische Hochschule Lübeck

04.2017 – 10.2017 **Wissenschaftlicher Mitarbeiter**
Institut für Medizintechnik, Universität zu Lübeck
Entwicklung eines medizinischen elektrischen Messsystems.

04.2016 – 07.2016 **Research Intern**
Medical Devices Group, Microsoft Research Redmond, WA, USA

07.2007 – 08.2009 **Facharbeiter**
PepsiCo Deutschland GmbH, Hamburg

Ausbildung

seit 10.2014 **Promotionsstudium zum Doktor-Ingenieur**
Institut für Medizintechnik, Universität zu Lübeck

03.2013 – 08.2014 **Masterstudiengang „Mikroelektronische Systeme"**
HAW Hamburg und FH Westküste

09.2009 – 03.2013 **Bachelorstudiengang „Kommunikations- / Informations-
technik und Mikrotechnik"**
Technische Hochschule Lübeck

08.2004 – 06.2007 **Ausbildung zum Elektroniker für Betriebstechnik**
Continental ContiTech Hamburg

Printed in the United States
By Bookmasters